职业教育课程改革系列教材

网页美工

崔建成　禹　青　傅珊珊　编著

電子工業出版社
Publishing House of Electronics Industry
北京·BEIJING

内 容 简 介

本书是一本专门针对网页美工的书籍，分别从网页平面构成、网页的色彩搭配、网页中的字体设计、网页设计中的排版与布局、网络动画、网络形象设计与广告传媒、经典网页的解析 7 个方面展开了分析。本书介绍了网页美工设计所必须掌握的基础知识和美学原理，包括颜色理论、图像设计、动画设计、字体设计及总体版式设计等。同时，本书还详细介绍了在实际制作过程中所应用到的经典实例，特别是第 8 章分别以产品类网页、设计类网页、网页主色调为主线，对中外一些精品网页进行了深层次的美学分析。

本书内容深入浅出、语言通俗、案例分析精辟，适合作为高等院校、高职、高专等专业学生的教材。对于专业的网站美工来说，本书更是一本难得的参考书。

本书配有教学指南、电子教案、案例素材及习题答案，详见前言。

图书在版编目（CIP）数据

网页美工 / 崔建成，禹青，傅珊珊编著. —北京：电子工业出版社，2010.8
（职业教育课程改革系列教材）
ISBN 978-7-121-11390-1

Ⅰ. ①网… Ⅱ. ①崔… ②禹… ③傅… Ⅲ. ①主页制作－专业学校－教材 Ⅳ. ①TP393.092

中国版本图书馆 CIP 数据核字（2010）第 138041 号

策划编辑：关雅莉　　杨　波
责任编辑：侯丽平　　文字编辑：谭丽莎
印　　刷：北京天宇星印刷厂
装　　订：北京天宇星印刷厂
出版发行：电子工业出版社
　　　　　北京市海淀区万寿路 173 信箱　邮编　100036
开　　本：787×1 092　1/16　印张：10.75　字数：272 千字
版　　次：2010 年 8 月第 1 版
印　　次：2016 年 12 月第 9 次印刷
定　　价：32.00 元

凡所购买电子工业出版社图书有缺损问题，请向购买书店调换。若书店售缺，请与本社发行部联系，联系及邮购电话：（010）88254888，88258888。

质量投诉请发邮件至 zlts@phei.com.cn，盗版侵权举报请发邮件至 dbqq@phei.com.cn。
本书咨询联系方式：（010）88254617，luomn@phei.com.cn。

前言

在信息爆炸的当今社会，网络给人类带来了快捷、方便。网络的发展，已经从物质到精神，从内容到形式，深深地改变了人类的工作和生活。随着时代的发展，人们的鉴赏力越来越高，对网站的视觉设计要求也越来越高。一个优秀的网站不应该是信息的简单罗列，而应该从视觉设计的高度出发，按照美学审美要求来设计。现在我们随便在一个搜索引擎上查找某一行业的企业网站，都会找到成千上万条信息。试想，在这么多的网站中，如果没有自己的特色，平庸无奇，那么该网站是不会使人产生兴趣的，更不用说使其进入网站详细浏览了。一个好的网站在结构设计、导航设计、色彩设计、内容设计等各个方面都是很讲究的。网站看上去可以很简单，但却要能给人一种吸引力，使浏览者在观赏的同时，能够记住企业的相关信息，感受到企业的文化。从一定的意义上来讲，网站代表了一个企业的精神面貌，是企业在网络媒体上的形象。如果网站不能反映企业的良好形象，如粗糙的文字、粗劣的图片及千篇一律的布局影响企业在读者心目中的形象，就会对企业形象的传播起到副面作用！

本书是一本专门针对网页美工的书籍。本书在阐述网站设计理念的基础上，将网页美工划分为网页平面构成、网页的色彩搭配、网页中的字体设计、网页设计中的排版与布局、网络动画、网络形象设计与广告传媒、经典网页的解析等几部分，分别从网页美工的各个方面进行了详细讲解。全书共分为 8 章，不仅介绍了网页美工设计所必须掌握的基础知识和美学原理，包括颜色理论、图像设计、动画设计、字体设计及总体版式设计等，还详细介绍了在实际制作过程中所应用到的经典实例，特别是第 8 章分别以产品类网页、设计类网页、网页主色调为主线，对中外一些精品网页进行了深层次的美学分析。

特别声明：书中引用的图片及有关作品仅供教学分析使用，版权归原作者所有，由于获得渠道的问题，因此未能与作者一一联系，在此表示衷心感谢！

本书由青岛科技大学崔建成、禹青、傅珊珊编著。由于时间紧迫，书中不妥之处在所难免，恳请各位读者批评指正。

为了提高学习效率和教学效果，方便教师教学，本书还配有教学指南、电子教案、习题答案和案例素材。请有此需要的读者登录华信教育资源网（http://www.hxedu.com.cn）免费注册后再进行下载，有问题时请在网站留言板留言或与电子工业出版社联系（E-mail:hxedu@phei.com.cn）。

编著者

目　录

第1章

网页美工概述

1.1 网络发展历程

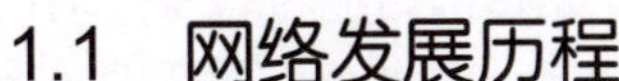

互联网产生于 1969 年年初，它的前身是阿帕网（ARPA 网），是美国国防部高级研究计划管理局为军事目的而建立的。开始时它只连接了 4 台主机，这便是只有四个网点的“网络之父”；到了 1972 年公开展示时，由于学术研究机构及政府机构的加入，这个系统已经连接了 50 所大学和研究机构的主机；1982 年，ARPA 网又实现了与其他多个网络的互连，从而形成了以 ARPANET 为主干网的互联网。

1983 年，美国国家科学基金会 NSF 提供巨资，建造了全美五大超级计算中心。为使全国的科学家、工程师能共享超级计算机的设施，又建立了基于 IP 协议的计算机通信网络 NSFNET。最初的 NSF 使用传输速率为 56Kbps 的电话线来通信，但根本不能满足需要。于是 NSF 便在全国按地区划分计算机广域网，并将它们与超级计算中心相连，最后又将各超级计算中心互连起来，通过连接各区域网的高速数据专线而成为 NSFNET 的主干网。1986 年，NSFNET 建成后取代了 ARPA 网而成为互联网的主干网。早期以 ARPANET 为主干网的互联网只对少数的专家及政府要员开放，而以 NSFNET 为主干网的互联网向社会开放。到了 20 世纪 90 年代，随着计算机的普及、信息技术的发展，互联网迅速商业化，并以其独有的魅力和爆炸式的传播速度成为当今的热点。商业利用是互联网前进的发动机，一方面，网点的增加及众多企业商家的参与使互联网的规模急剧扩大，信息量也成倍增加；另一方面，它刺激了网络服务的发展。互联网从硬件角度讲是世界上最大的计算机互联网络，它连接了全球不计其数的网络与计算机，也是世界上最为开放的系统。但这样说并不确切，因为它也是一个实用而且有趣的巨大信息资源，允许世界上数以亿计的人们进行通信和共享信息。互联网仍在迅猛发展，并在发展中不断得到更新及被重新定义。

中国于 1994 年 4 月 20 日正式接入国际互联网络。近年来，互联网在中国呈现出持续快速发展的局面。中国传统新闻媒体（包括报纸、杂志、广播电台、电视台、通讯社）积极地进军网络传播领域。到 1999 年年底，全国建立独立域名的新闻报道机构已达 700 多家，网络媒体的发展呈现风起云涌之势。

不少新闻媒体网站已不是简单地将“母体”内容（如报刊印刷版的内容）照搬上网，而是在信息内容和形式上办出特色，提供多种网络服务功能，创意十足并且决心在网络空间扩展自己的影响力。例如，人民网被公认为新闻媒体网站中最具影响力的网站，它不仅在新闻提供方面尽可能满足用户“知的权利”，而且开设 BBS 论坛让用户对国际国内重大事件有“表达权利”。1999 年 5 月 9 日，以美国为首的北约组织袭击我驻南大使馆的第二天，人民日报网络版果断地开设了“抗议北约暴行论坛”，受到海内外华人华侨的热烈欢迎。同年 6 月 19 日，这一论坛更名为“强国论坛”，此后又陆续推出读书论坛、体育论坛、健康论坛等若干分论坛，形成了以强国论坛为主的论坛群及栏目群。可以用三句话概括该论坛的意义：从人民网的发展看，其设立是对网络传播规律和特性在认识上和实践上的一大突破；从中国新闻媒体的网上发展来看，其设立是一个标志性的事件；从中国社会政治生活的角度看，它为民众提供了言论空间、表达空间、话语空间，是中国社会主义民主化进程的一个有说服力的窗口。

不少新闻媒体网站（如报纸网站）已不再称自己是某报网络版或电子版，而是以“某网”、“某在线”自称。例如，上海文汇新民联合报业集团网站的名称是申网；广州日报报业集团网站的名称是大洋网（如图 1-1 所示）；深圳商报网站的名称是深圳新闻网。名称的改变意味着新闻媒体网站经营理念的提升，反映出一些有实力的新闻媒体网站已将自身今后的发展定位于大型综合网站，而不仅仅是“网络版”、“电子版”的概念。中央级主要新闻媒体更是加大投入力度，纷纷改版，如人民网改版（如图 1-2 所示）；新华社网全面改版（如图 1-3 所示），正式定名为新华网，并启用新域名（www.xinhuanet.com 及 www.xhnet.com）。它由 8 个语种的中外文网站、12 家社属报刊网站、35 家地方分支社网站组成，其栏目也由原来的 12 个猛增到 168 个，每日发布信息超过 100 万字，带宽由 2 兆增加到了 100 兆。

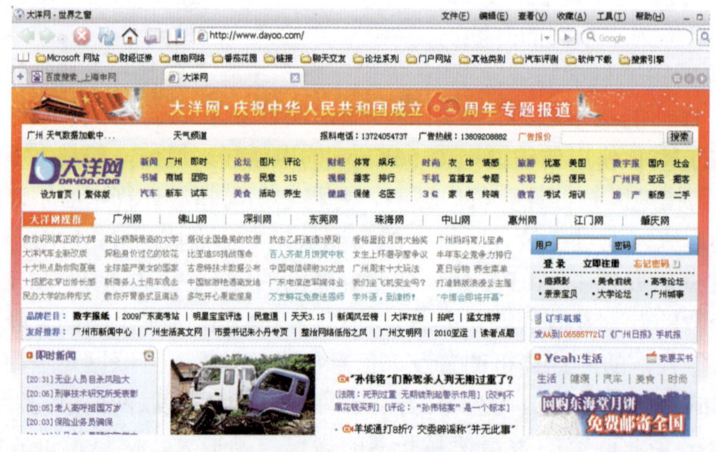

图 1-1 大洋网

新闻媒体网上发展的另一个新景观，是地域内众多媒体摒弃了单打独斗的思路，联手建立了有规模效益的传播平台。例如，四川新闻网于 1998 年 10 月开始运作，仅一年多的时间已有省内 9 家综合类报纸、42 家专业类报纸、16 家杂志、21 家广播电台电视台共 88 家媒体借助该平台上网。再如河南报业网虽为河南报业集团所办，但它已成为省内众多报刊上网的平台。目前声势最大的数北京的千龙新闻网和上海的东方网。千龙新闻网的开通得到了北京地区传统强势媒体的鼎力支持。它具体是由北京日报、北京晨报、北京电视台等 9 家北京市属新闻媒体与北京四海华仁国际文化传播中心、北京实华开信息技术公司共同发起和创办的。千龙新闻网以“权威、即时、全面、独家”为目标，对 9 家传媒的新闻资源进行整合发布，内容更丰富，表现手段也更多样化。由上海多家新闻媒体（包括解放日报社、文汇新

民报业集团、上海人民广播电台等）共同建设的大型综合网站东方网（如图 1-4 所示）正式开通，其总体发展策略为"新闻导入、服务衔接、电子商务拓展"。

传统媒体网站在实践中深刻体会到其自身发展受到了原有体制、机制的极大制约，也就是说不能用办传统媒体的老办法来办新兴的网络媒体，必须找到社会效益和经济效益双赢的发展模式，只有这样今后才能驰骋于网络世界。实行公司化运作是传统媒体网站建设和经营的趋势和必然选择，因此，不少媒体网站迈出了积极探索的步伐。1999 年，电脑报网站成功融资 500 万美元，率先进行公司化运作，正式推出天极网；中国计算机报网站经过多个月的运筹成立了赛迪网信息技术有限公司，并于 2000 年 3 月 23 日正式推出赛迪网；包括中青在线、北京青年报网络版、新华网、东方网等在内，不少有实力的媒体网站已经把成为未来的赢利网站当做了既定战略目标。

图 1-2　人民网　　图 1-3　新华网　　图 1-4　东方网

1.2　传统美工与网页美工

走在店铺林立的街道上或步入酒吧、咖啡厅、大型超市、家电商场时，一份份漂亮的店堂招贴画传达着折扣信息，使你不由得停下脚步来购买自己喜欢的东西，这种画就是 POP，它是"Point of Purchase"的英文缩写，意为购买的促销海报，也称店堂广告，用于帮助商家吸引顾客的眼球，"掏空"顾客的钱包。这种促销广告的制作者就是——传统美工师。

传统美工师是随着手绘促销海报的盛行兴起的一个职业。传统美工师不仅是美术策划人才，更是有市场营销经验的营销人才，他们不但具备书写、绘画插图、色彩搭配、版式变化等制作海报所需的能力，更重要的是还具有市场营销方面的知识，懂得产品的卖点定位，能够在很短时间内将一件商品的突出优点或特性，用较少的文字、简单的图画绘制在海报上，以使消费者一目了然，并使其在海报的引导下产生购买欲望，做出购买的决定等。

传统美工又分为卖场美工（如图 1-5 所示）、游戏美工（如图 1-6 所示）、影楼美工（如图 1-7 所示）等。

网页美工，顾名思义，就是美化网站的视觉效果，其更深层次的意思就是突出网站本身的内涵，如简洁、干练，或者有活力。

网页美工与其他美工相比有极大的特殊性。首先，网页图片因网络传输速度的限制，在保证图片效果的同时，必须尽量减少图片文件容量。与之相反，诸如 Photoshop 或 Pagemaker 使用的印刷图片等却必须要保证足够的分辨率（如 300dpi/inch），而一般不在意图片文件的容量大小，而使用 CorelDraw 等矢量软件的广告设计者，更多的是要考虑图形的户外效果；其次，网页中要用到大量容量很小的平面动画，这令许多 3DMAX 的三维动画高手也有虎落平原之感，再次，要求网页美工对网页设计、排版等有一定的熟悉程度，虽然有些页面的排版和美工已完全融合，但是良好的美术基础和美感仍是最重要的。即使熟练掌握了常用网页绘图软件，但如果缺少创意，也难以成为优秀的网页美工师（如图 1-8 所示是网页美工设计的作品）。

图 1-5　POP 手绘广告

图 1-6　游戏人物的设定

图 1-7　婚纱照的后期制作

图 1-8　网页美工设计的作品

1.3　网页美工需要具备的能力

网页美工所具备的知识应包括以下四方面的内容。

（1）网——网络，设计者需要对网络上的相关东西有一定的了解（如做什么样的网站，同行业的网页怎么样等），以做到知己知彼，否则设计者的作品就没有可衡量的水准了。

（2）页——页面，就是指设计者的排版水平。

（3）美——美术，审美观……这就需要设计者对色彩，尤其是对色彩的搭配有独到的见解。

（4）工——工具，干什么活都需要有好的工具。在此意指软件，常见的有 Photoshop，FLASH，3DMAX，Fireworks，Dreamweaver 等。如果对 Maya 等大型的软件比较熟悉，当然就更好了。

作为一名网页设计师，首先必须要具备一定的审美能力和美术功底。如果想成为一个

优秀的网页设计师，那么就应该在这两方面有较强的能力，如果没有就一定要想办法加强这两个方面的能力。如果确实没办法提高这两方面的能力，一般就很难成为一个好的网页设计师了。

可以说网页设计就是平面设计的一方面，网页设计师完全可以运用平面设计中的审美观点进行设计，二者唯一不同的是动态与静态的区分，即动态网页的制作是平面设计不能完全达到的，它是一种审美方式的延伸。因此，平面设计的审美观点在网页设计上非常实用，如对比、均衡、重复、比例、近似、渐变及节奏美、韵律美，这些都能在网页上显示出来，能反映出设计师超凡的审美能力。在现实中，人们经常看到在一些网页里，基本几何形体错综复杂，色彩花里胡哨，让人目不暇接，有一种“乱花渐欲迷人眼”的感觉，但是人们却并没有从中获得美的享受。这就是说，并不是页面做得好看，具有美感的网页就一定让人感兴趣，好的网页必须要建立在好的内容的基础上，假如什么内容都没有，该网页也是不能吸引人的。当然，网页的界面设计应该还是要以布局的美为标准，要有规律可循，这也是网页设计师的责任。

思考题

1．网络发展共经历了哪几个重要阶段？
2．传统美工与网页美工的区别是什么？
3．网页美工应具备哪些方面的知识？
4．网页设计的三剑客指的是什么？它们分别用来做哪些工作？

网页平面构成

2.1 平面构成概述

平面构成是指视觉元素在二次元的平面上，按照美的视觉效果、力学的原理进行编排和组合，是以理性和逻辑推理来创造形象，研究形象与形象之间的排列的方法，是理性与感性相结合的产物。

一切用于平面构成中的可见的视觉元素统称形象，基本形即是最基本的形象；限制和管辖基本形在平面构成中的各种不同的编排，即是骨格。基本形有“正”有“负”，在构成中可互相转化；基本形相遇时，可以产生分离、接触、复叠、透叠、局部重合、减缺、差叠、全部重合等几种关系（如图 2-1～图 2-8 所示）。

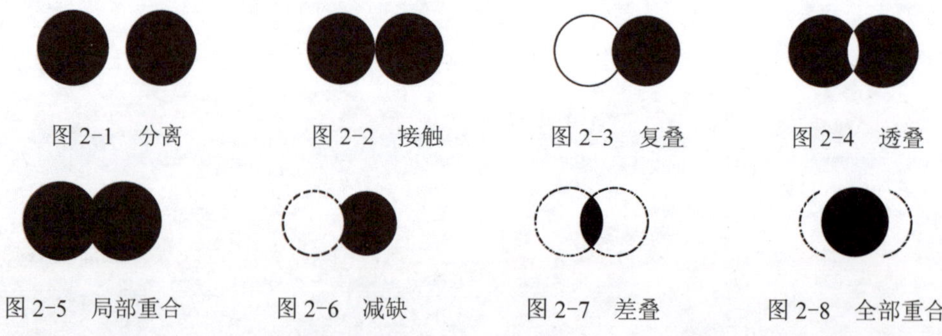

图 2-1 分离　图 2-2 接触　图 2-3 复叠　图 2-4 透叠

图 2-5 局部重合　图 2-6 减缺　图 2-7 差叠　图 2-8 全部重合

骨格可以分为重复、近似、渐变、发射等（如图 2-9～图 2-12 所示）。基本形与骨格的上述这些特性将相互影响、相互制约、相互作用，从而构成千变万化的图案。

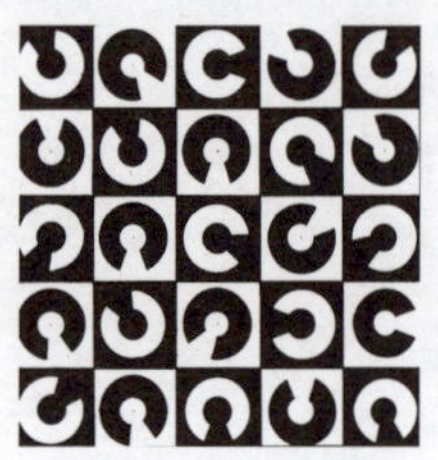

图 2-9 重复

图 2-10 近似

图 2-11 渐变

图 2-12 发射

平面构成是设计的基础，它主要是指运用点、线、面和律动组成结构严谨，既富有极强的抽象性和形式感，又具有多方面的实用特点和创造力的设计作品。与具象表现形式相比较，它更具有广泛性。它是在实际设计运用之前必须要学会运用的视觉艺术语言。设计人员必须进行视觉方面的创造，了解造型观念，训练培养各种熟练的构成技巧和表现方法，培养审美观及美的修养和感觉，提高创作活动和造型能力，活跃构思。

2.2 网页中的平面构成

网页独特的信息传播方式和交互特性使网页设计者在平面构成的创意上受到了限制和挑战。它与纯艺术的平面构成理论存在差异，称之为“网页平面构成”。这一概念包含了页面风格、内涵、构图、造型设计等诸多方面。

2.2.1 网页平面构成设计中的 3 个方面

1. 布局要新颖

所谓布局是指界面的平面分布安排，即对复杂的内容进行条理化、次序化的编辑处理，将其组织成一个结构合理、版块搭配适度的页面（如图 2-13 所示）。其中新颖的形式感非常重要，要根据不同的内容特点来决定版面的最终形式感。好的版面设计虽不能说牵一发而动全身，但其中的各种视觉元素确实是减之一分则少，增之一分则多，很难再做出取舍。

2. 对比要强烈

加强页面的对比因素是吸引人们关注的有效手段。对于页面上的各种文字、图片，在设计时就应构思好其相互之间的对比关系，要大小参差变化，疏密衬托有致，轻重感觉均衡，明暗对比适度，设计别具一格。这些因素对网页设计的成功与失败起着至关重要的作用（如图 2-14 所示）。

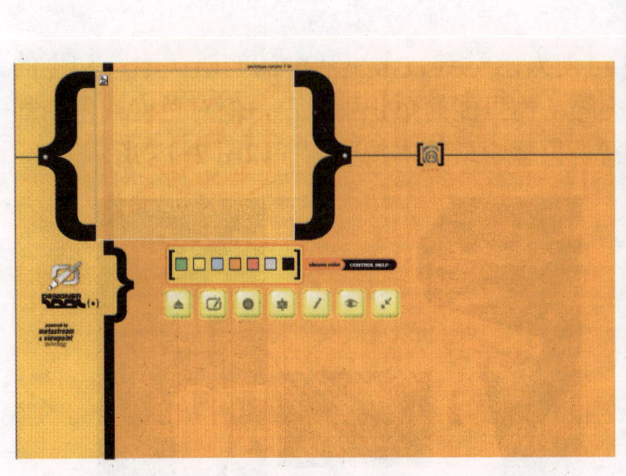

图 2-13　布局

图 2-14　对比

3. 变化要统一

对版面外形的选择应遵守变化统一的设计原则，既不刻意追求外形的变化，使版面分割烦琐凌乱，又不简单划分版面界限，使页面显得单一刻板。所谓万变不离其宗，反复的比较、精心的安排、整体的权重是设计好网页的基本要求，同时也是网页设计的最终选择（如图 2-15 所示）。

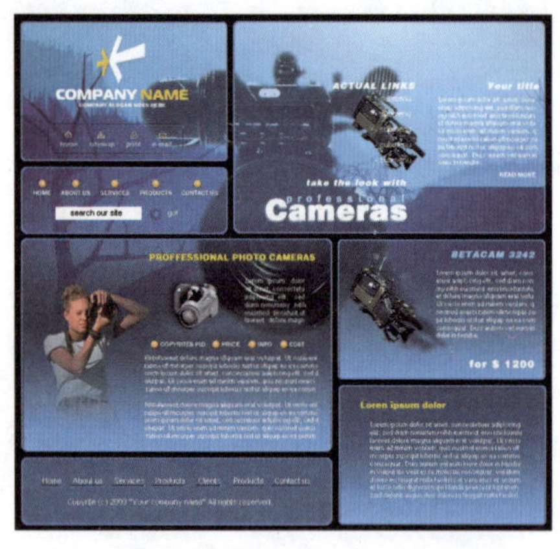

图 2-15 变化的统一

网页的观众一方面会从计算机屏幕上所呈现的视觉表征得到信息，做出反应；另一方面会根据其美感经验，获得良好的沟通情绪。而一个赏心悦目的视觉呈现有赖于设计者的创意（idea）、表现技巧（technique）、编排（lay-out）能力。

目前许多国内设计的计算机屏幕视觉呈现是依赖设计者的感觉来处理的，或者是凭其多年的实践经验来完成的。但是“感觉”对想学习多媒体设计的人是很难捉摸的，“经验”更是在短期内难以形成的。因此下面将“美的原则”运用于网页设计的编排与构成，以形成“网页平面构成原理”，以期达到帮助初学者的目的；甚至对设计师而言，在其面临缺乏“感觉”时，也能据此创作出具有水准的作品来。

2.2.2 构成形式在网页设计中的运用

1. 大小的对比

大小关系为造型要素中最受重视的一项，几乎可以决定意象与调和的关系。大小的差别少，给人的感觉较沉着温和；大小的差别大，给人的感觉较鲜明，而且具有强烈的视觉冲击力（如图 2-16 所示）。

2. 明暗的对比

阴与阳、正与反、昼与夜等对比语句，可使人感觉到日常生活中的明暗关系。初生的婴儿，最初在视觉上只能分出明暗，而牛、狗等动物虽能简单识别黑白，但对色度或色相却无法轻易识别。由此可知，明暗（黑和白）乃是色感中最基本的要素（如图 2-17 所示）。

图 2-16 大小的对比

图 2-17 明暗的对比

3．粗细的对比

字体越粗，越富有男性的气概。若代表时尚与女性，则通常用细字来表现。细字如果比重增多，则粗字就应该减少，这样的搭配看起来比较明快。如图 2-18 和图 2-19 所示分别是粗字体和细字体的网页设计表现效果。

图 2-18　粗字体的网页设计表现效果

图 2-19　细字体的网页设计表现效果

4．曲线和直线的对比

曲线富有柔和感、缓和感；直线则富有坚硬感、锐利感，极具男性气概。自然界中的一切皆由这两者适当混合而成。平常人们并不注意这种关系，可是当曲线或直线强调某形状时，人们便有了深刻的印象，同时也产生了相对应的情感。因此，人们常常为加深曲线印象，而用一些直线来强调。也可以说，少量的直线会使曲线更引人注目。如图 2-20 和图 2-21 所示分别是以曲线性格为主和以直线性格为主的网页设计。

图 2-20　以曲线性格为主的网页设计

图 2-21　以直线性格为主的网页设计

5．质感的对比

在一般人的日常生活中，也许很少听到质感这个词，但是在美术方面，质感却是很重要的造型要素。譬如松弛感、平滑感、湿润感等，皆是形容质感的。因此，质感不只会表现出情感，而且还会与这种情感融为一体。

画家的作品，通常会注意其色彩与图面的构成，其实，质感才是决定作品风格的主要因素。虽然色彩或对象会改变，可是作为基础的质感却是与一位画家的本质有着密切的关系，是不易变更的。外行人很容易疏忽这一点，但其实质感才是最重要的基础要素，也是画家情感表达的重要因素。如图 2-22～图 2-25 所示分别为水墨质感、金属质感、厚朴质感、清新质感的对比。

图 2-22　水墨质感

图 2-23　金属质感

图 2-24　厚朴质感

图 2-25　清新质感

6. 位置的对比

在画面两侧放置某种物体，不但可以起到强调的作用，同时也可产生对比。画面的上下、左右和对角线上的四隅皆有潜在性的力点，在此力点处配置照片、大标题或标志、记号等，便可显出隐藏的力量。因此，在潜在的对立关系位置上放置鲜明的造型要素，可显示出对比关系，并产生具有紧凑感的画面。如图 2-26～图 2-29 所示为画面主体在一侧、中心、上方、下方位置的对比。

图2-26 画面主体在一侧

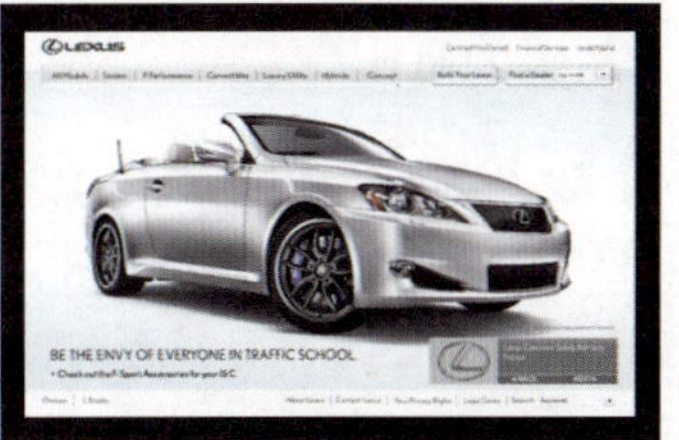

图2-27 画面主体在中心

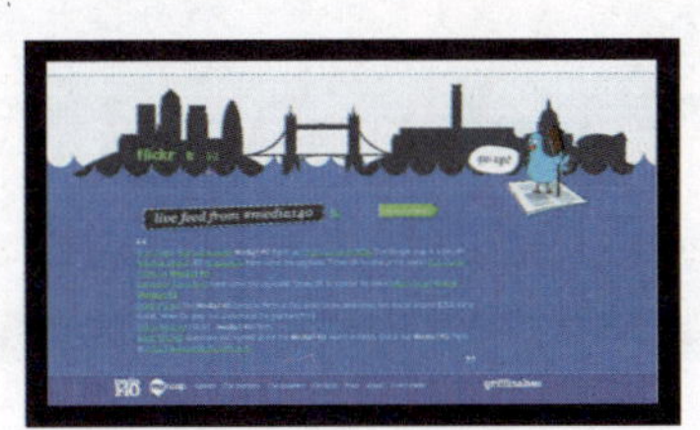

图2-28 画面主体在上方

图2-29 画面主体在下方

7. 主与从的对比

在舞台设计中，当主角和配角的关系很清楚时，观众的心就会安定下来。版面设计其实也类似。明确表示主从的手法是很正统的构成方法，会让人产生安心感；如果两者的关系模糊，会令人无所适从；如果主角过强，则将失去动感，变成庸俗画面。

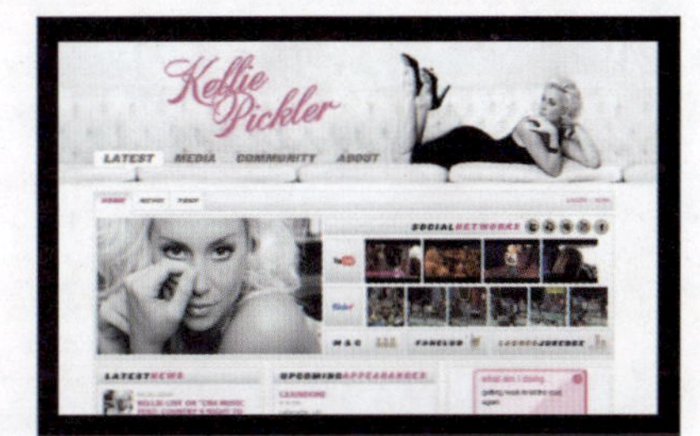

图2-30 画面主从分明（一）

戏剧中的主角一看便知。在版面中若也能表现出何者为主角，则会使读者更加了解其内容。因此，主从关系是设计配置的基本条件。如图2-30～图2-32所示为画面（文字）主从分明的网页构成。

图2-31 画面主从分明（二）

图2-32 画面主从分明（三）

8. 动与静的对比

每一个故事都有开端、发展、高潮、转变和结果，每一座庭院都需要有假山、池水、草木、瀑布等的配合。同样，在网页设计配置上也要有激烈的动态与静态对比。

扩散或流动的形状即为“动”，水平或垂直性的形状则为“静”。把这两者配置于相对之处，而以“动”部分占大面积，“静”部分占小面积，并在周边留出适当的留白以强调其独立性——这样的安排一般用来配置画面四隅的重点。这样，“静”部分虽只占小面积，却有很强的存在感。如图 2-33～图 2-35 所示为充满动感的页面、静止的页面、动静结合的页面的对比效果。

图 2-33　充满动感的画面

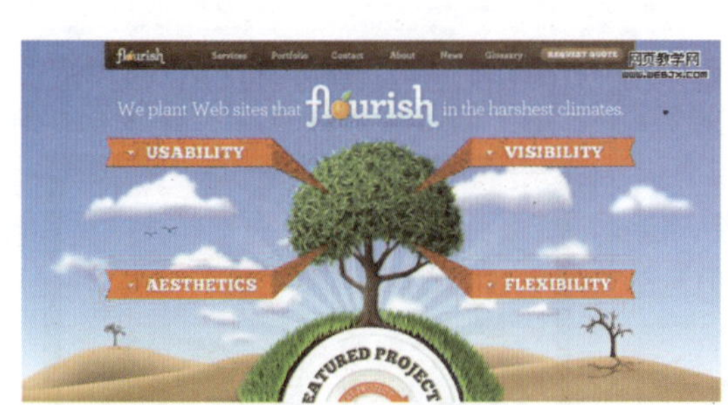

图 2-34　静止的页面

图 2-35　动静结合的页面

9. 多重对比

对比还包括曲线与直线、垂直与水平、锐角与钝角等种种不同的对比。如果再将前述的各种对比和这些要素加以组合搭配，便能制作出富有变化的画面来。如图 2-36 和图 2-37 所示为包含多重对比的网页。

图 2-36　包含多重对比的网页（一）

图 2-37　包含多重对比的网页（二）

10．起与受

版面全体的空间会因为各种力的关系而产生动态，进而支配空间。产生动态的形状和接受这种动态的另一形状互相配合着，从而使空间变化更生动。

建造假山庭院时很注重流水的出口，因为流水的出口是动感的出发点，整个庭院都会因它而被影响。谈到版面构成原理时也一样，其起点和受点应彼此呼应、协调。两者的距离越大，效果越显著，而且还可以充分利用画面的两端。但要特别注意起点和受点的平衡，即必须有适当的强弱变化才好，若有一方太软弱无力就不能引起共鸣。如图 2-38、图 2-39 所示为构成中的起与受的呼应。

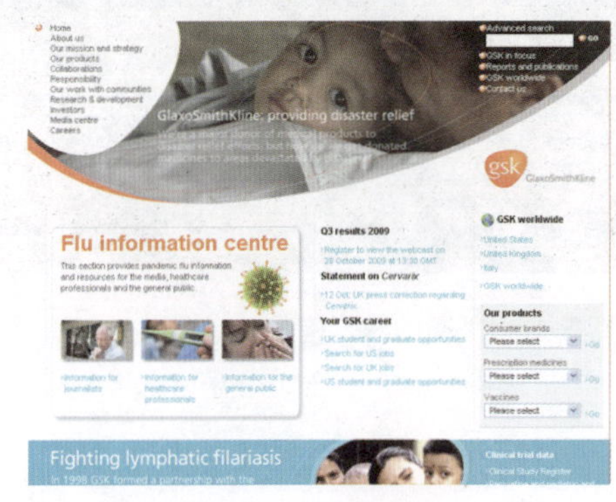

图 2-38　起与受的呼应（一）

图 2-39　起与受的呼应（二）

11．图与地

当明暗逆转时，图与地的关系就会互相变换。一般印刷物都采用的是白纸印黑字的形式，此时称白纸为地，称黑字为图。相反，有时会在黑纸上印上反白字的效果，此时黑底为地，白字则为图，这就是黑白转换的现象。如图 2-40 所示为黑底白字的网页的对比效果，如图 2-41 所示为白底黑字的网页的对比效果。

图 2-40　黑底白字的网页的对比效果

图 2-41　白底黑字的网页的对比效果

12. 平衡

当人走路踢到障碍物时，其身体会因失去平衡而跌倒，此时人会很自然地迅速伸出一只手或脚，以便维持身体平衡。根据这种自然原理，如果改变一件好的原作品的各部分的位置，再与原作品进行比较分析，就能很容易理解平衡感的构成原理了。如图 2-42、图 2-43 所示为平衡的网页构成效果。

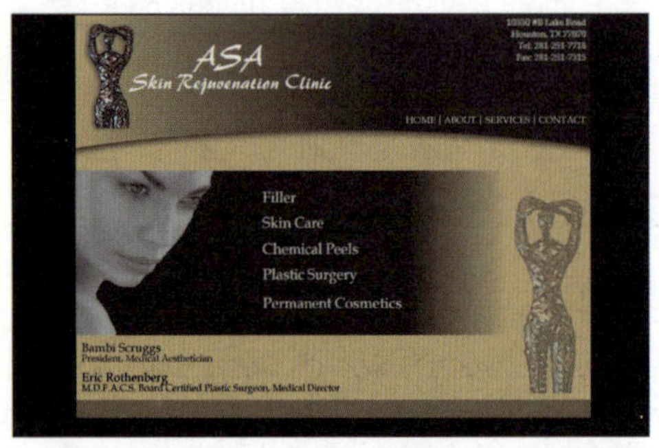

图 2-42 平衡的网页构成效果（一）

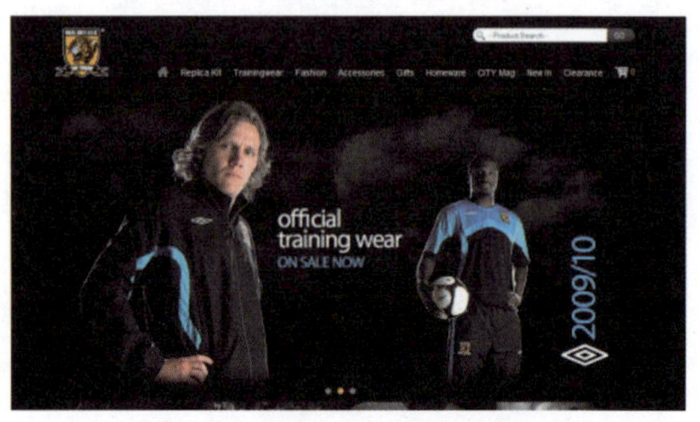

图 2-43 平衡的网页构成效果（二）

13. 对称

称以一点为起点，向左右同时展开的形态为左右对称形，其英文名为 symmetry。应用对称的原理即可发展出漩涡形等复杂状态。如图 2-44、图 2-45 所示为对称的网页构成效果。

图 2-44 对称的网页构成效果（一）

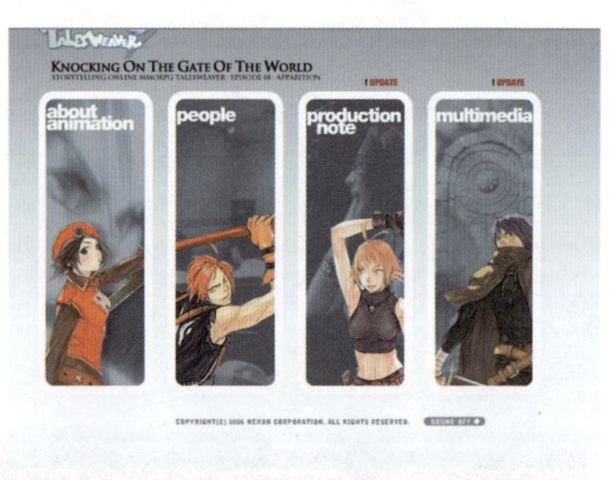

图 2-45 对称的网页构成效果（二）

在日常生活中，常见的对称事物确实不少，如佛像的配置或神殿的配置等。对称会显出高格调、风格化的意象。

14. 强调

在同一格调的版面中，在不影响格调的条件下，加进适当的变化，就会产生强调的效果。强调打破了版面的单调感，使版面变得有朝气、生动而富于变化。例如，当版面皆为文字编排时，看起来索然无味，此时如果加上插图或照片，就如一颗石子丢进平静的水面，便会产生一波一波的涟漪。如图 2-46、图 2-47 所示为起强调作用的图片、文字。

图 2-46　图片的强调作用

图 2-47　文字的强调作用

15. 比例

希腊美术的特色为“黄金比例”。在设计建筑物的长度、宽度、高度和柱子的形式、位置时，如果能参照“黄金比例”来处理，就能拥有希腊特有的建筑风格，也能产生稳重和适度紧张的视觉效果。长度比、宽度比、面积比等比例，能与其他造型要素产生同样的功能，表现极佳的意象，因此，使用适当的比例是很重要的。通过很有逻辑性的公式换算加上一定的数学分析，可以得到对网页设计有建设性的概念指导，这从一定程度上说算是一种创新。将其运用到网页设计上时，只要记住一个数字就可以了——“1.62”。许多设计师在设计版面时都是随意制定一下宽度后就开始他们的设计，这样往往会出现设置的宽度没有考虑到要表现的内容，在后期出现内容问题时就很受限制的现象。还有很多开发人员在实现页面时，并没有完全依靠视觉效果图来实现，有时就大致目测一下，然后根据以往经验来定制宽度，而这种宽度往往不能很好地适应他们的内容，因此，这时候黄金比例的使用就很重要了。

黄金比例不仅可以在大的布局上使用，也可以在小的栏目设计中灵活使用，可以细化到很小的设计元素上，如一块图片信息展示区域。

在页面布局方面，一般都是比较弹性的，因为这样页面可以充满浏览者的屏幕空间，而不管视窗的大小尺寸是多少，这对于那些高分辨率宽屏的用户来说是有意义的。而对于坚持固定像素宽度的设计者来说，1024px×768px 就是最好的。

如图 2-48～图 2-51 所示表示为一个 950px 宽度居中的页面设计栏目。根据黄金比例原则设计出的 Web 布局具有一定的平衡感，整个页面也比较和谐。

图 2-48　利用黄金比例分割的页面（一）

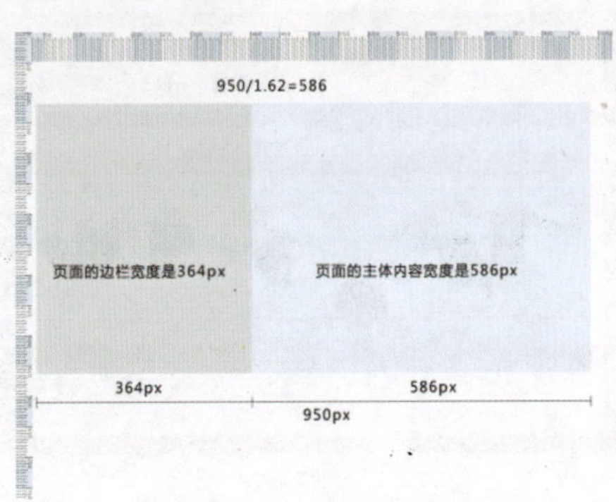

图 2-49　利用黄金比例分割的页面（二）

图 2-50　黄金比例应用效果（一）

图 2-51　黄金比例应用效果（二）

除此之外，还有一些常用的理想比例，如德国标准比例（1:1.41）、中国传统图案比例等。

16. 韵律感

当具有共同印象的形状反复排列时，就会产生韵律感。不一定要用同一形状的东西，只要它们能使人产生强烈的印象就可以了。当同一形状出现三次、四次时就能产生轻松的韵律感了。有时候，只反复使用二次具有特征的形状，也会产生韵律感。如图 2-52～图 2-55 所示为页面具有轻松的韵律感的表现形式。

图 2-52　不同图案排列的韵律感

图 2-53　不同形状按大小排列的韵律感

图 2-54　人物按动作变化排列的韵律感

图 2-55　不同色块按大小排列的韵律感

17．左右的重心

在人的自我感觉上，左右有微妙的相差。如果画面的右下角有一处吸引力特别强的地方，则在考虑左右平衡时，如何处理这个地方就成为关键性问题。

由于人的视觉习惯于从左上到右下的流向，故在编排文字时，将右下角留空来编排标题与插画，就会产生一种很自然的流向。如果把它逆转就会失去平衡而显得不自然。这种左右方向的平衡感，可能和人们惯用右手有点关系！如图 2-56～图 2-59 所示分别是重心在不同位置的页面布局效果。

图 2-56　重心在左下角的页面布局效果

图 2-57　重心在右下角的页面布局效果

图 2-58　重心居中的页面布局效果

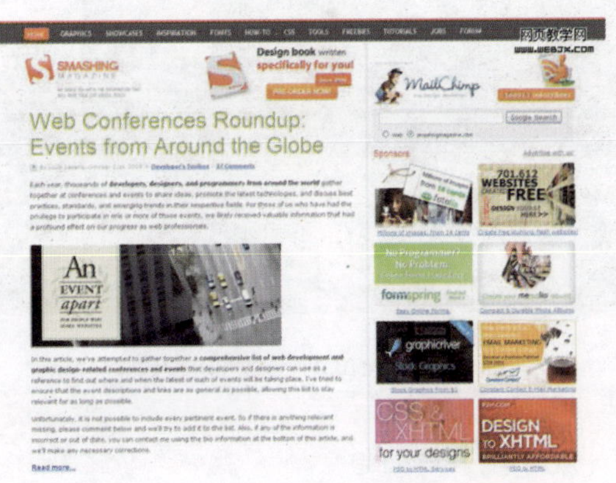

图 2-59　左右相对均衡的页面布局效果

18．向心与扩散

在人们的情感表达中，总是会首先注意事物的中心部分，好像只有这样才有安全感，这就构成了视觉的向心。一般而言，向心型排版看似温柔，也是设计师一般所喜欢采用的方式，但容易流于平凡。而离心型排版又叫做扩散型排版。如图 2-60 所示为扩散型的网页构成，如图 2-61 所示为向心型的网页构成。

图 2-60 扩散型的网页构成

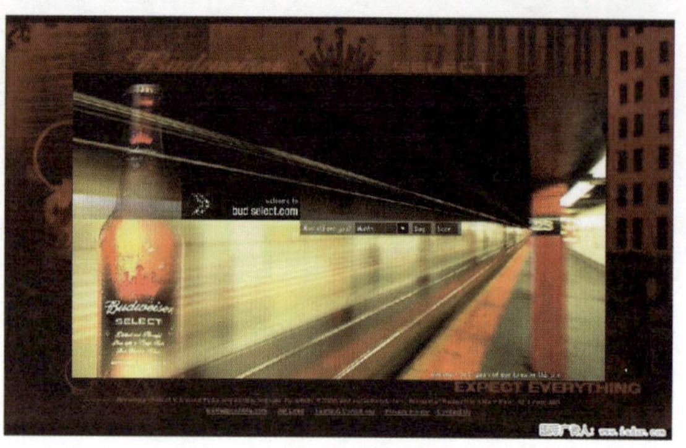

图 2-61 向心型的网页构成

19. JUMP 率

在版面设计上，必须根据内容来决定标题的大小。标题和正文大小的比率就叫做 Jump 率。Jump 率越大，版面越活泼；Jump 率越小，版面格调越高。依照这种尺度，很容易判断和衡量出版面的效果来。决定标题与本文字号大小后，还要考虑双方的比例关系。如何进一步调整这个比例也是相当大的学问。如图 2-62 和图 2-63 所示为 Jump 率较低与较高的网页对比效果。

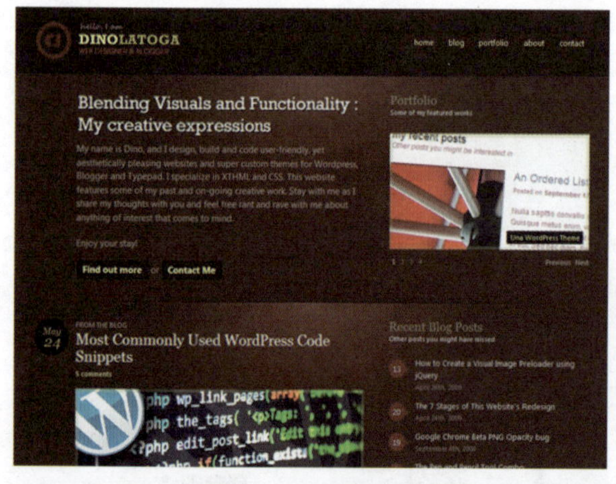

图 2-62 Jump 率较低的页面

图 2-63 Jump 率较高的页面

20. 统一与调和

如果过分强调对比关系，给空间预留太多或加上太多造型要素时，容易使画面产生混乱。要调和这种现象，最好添加一些共同的造型要素，以使画面产生共同的格调，具有整体统一与调和的感觉。

反复使用同形的事物，能使版面产生调和感。若把同形的事物配置在一起，便能产生连续的感觉。两者相互配合运用，能创造出统一与调和的效果。如图 2-64、图 2-65 所示为形式统一的网站，如图 2-66、图 2-67 所示为色调统一的网站。

图 2-64　形式统一的网站（一）　　　图 2-65　形式统一的网站（二）

图 2-66　色调统一的网站（一）　　　图 2-67　色调统一的网站（二）

21. 视觉导线

依照眼睛所视或物体所指的方向，使版面产生导引路线，称之为视觉导线。设计家在制作构图时，常利用视觉导线来达到使整体画面更引人注目的目的。这也就是人们常说的"视觉流程"。在图 2-68～图 2-71 中，读者可以试着找到合理的视觉流程。

图 2-68　由左上开始的视觉流程　　　图 2-69　上、下分配的视觉流程

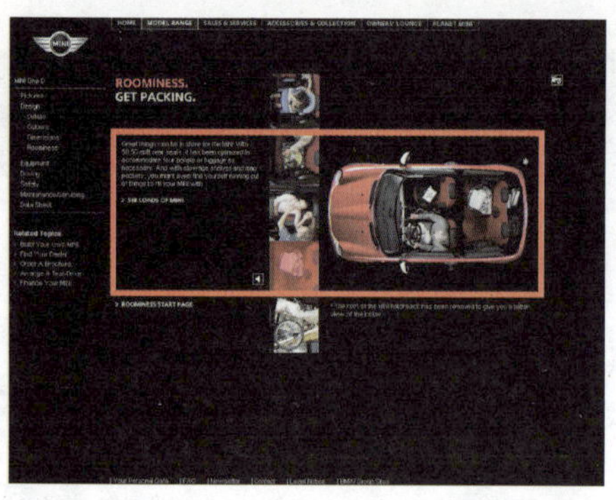

图 2-70　中心发散的视觉流程

图 2-71　由上至下的视觉流程

22. 形态的意象

一般的编排形式，皆以四角形（角版）为标准形，其他的各种形式都属于变形。角版的四角皆成直角，给人以规律、表情少的感觉，而其他的变形则呈现形形色色的表情，如三角形的编排方式有锐利、鲜明感；近于圆形的编排方式有温和、柔弱之感。

相同的曲线，也有不同的表情，如规规矩矩用仪器画出来的圆有硬质感；而徒手画出来的圆就拥有柔和的圆形曲线美感。如图 2-72 所示为标准型网页，如图 2-73 所示为曲线形网页，如图 2-74 为有手工绘制痕迹的网页。

图 2-72　标准型网页

图 2-73　曲线型网页

图 2-74　有手工绘制痕迹的网页

23. 水平线

黄昏时，水平线和夕阳融合在一起；黎明时，灿烂的朝阳会从水平线上升起。水平线可以给人稳定和平静的感受，且总会固定表达静止的时刻。如图 2-75 所示为水平方向的网页，它有一种稳定的效果。

24. 垂直线

垂直线的活动感，正好和水平线相反。垂直线表示向上伸展的活动力，具有坚硬和理智的意象，可使版面显得冷静又鲜明。但如果不合理地强调垂直性，就会变得冷漠僵硬，使人难以接近。如图 2-76 所示为垂直方向的网页，它有一种挺拔的效果。

图 2-75　水平方向的网页

图 2-76　垂直方向的网页

将垂直线和水平线进行对比的处理，不但可以使两者的表现更生动，使画面产生紧凑感，也能避免产生冷漠僵硬的情况。它们相互取长补短，可使版面更完备。如图 2-77 所示为垂直线和水平线交互使用的网页效果。

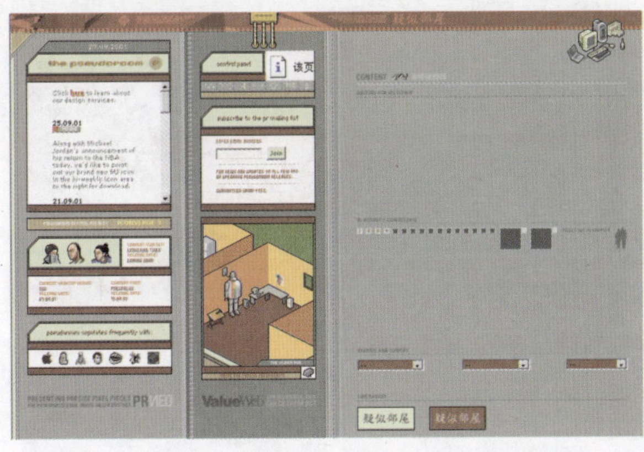

图 2-77　垂直线和水平线交互使用的效果

25. 阳昼、阴昼

正常的明暗状态叫做“阳昼”，相反的情况是“阴昼”。构成版面时，使用这种阳昼和阴昼的明暗关系，可以描画出与日常感觉不同的新意象。如图 2-78 所示为阳昼式的网页形象，如图 2-79 所示为阴昼式的网页形象。

图 2-78　阳昼式的网页形象　　图 2-79　阴昼式的网页形象

26. 留白量

速度很快的说话方式适合夜间新闻的播报，但不适合典礼的司仪用语，原因是每一句话当中的留白量太少。谈到版面设计时，空白量的问题也很重要，即使同一张照片，同样的句子也会因留白量的大小而影响其表现出的形象。无论排版的平衡感有多好，文章有多美，读者一看版面的留白量就已给它打好分数了。如图 2-80、图 2-81 所示为具有大量留白区域的网页效果。

图 2-80　具有大量留白区域的网页（一）

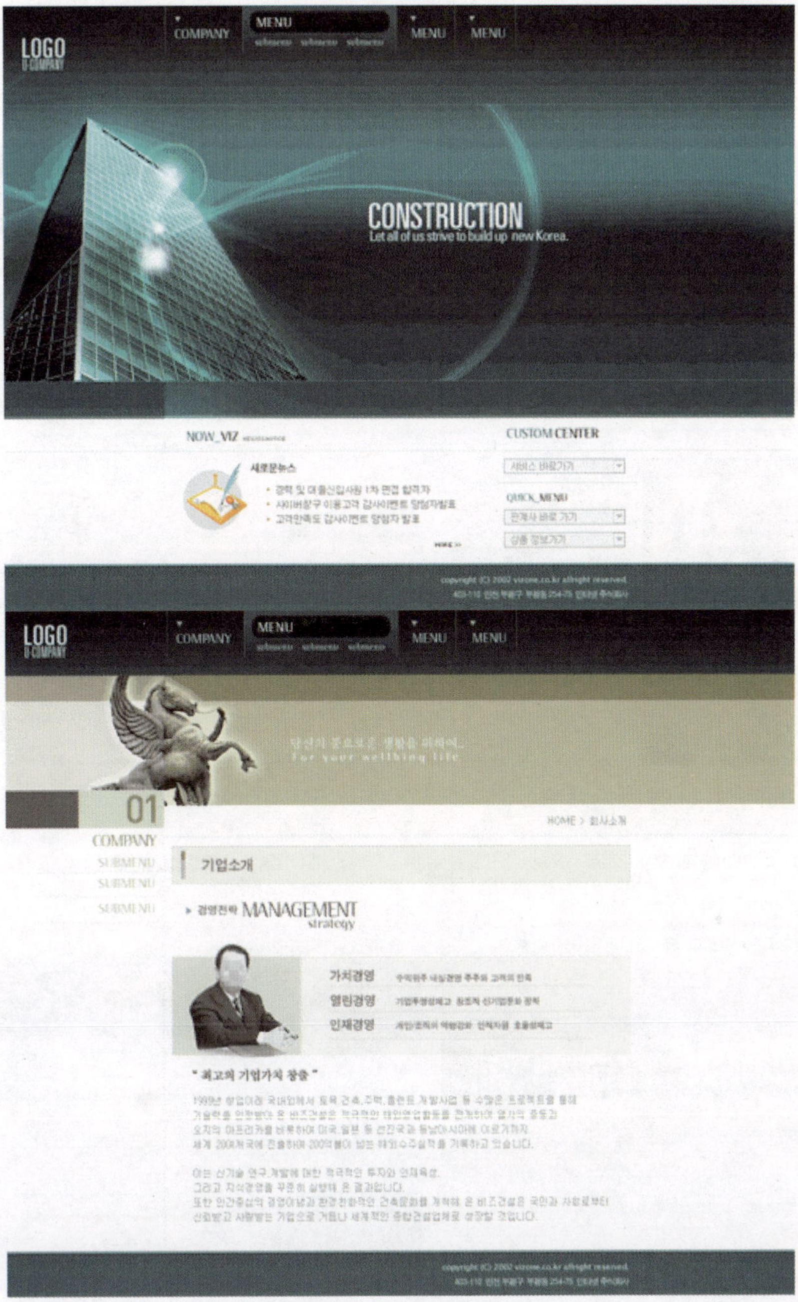

图 2-81　具有大量留白区域的网页（二）

27．版面率

在设计用纸上，称一个文档所使用的排版面积为版面，而称版面和整页面积的比例为版面率。空白的多寡对版面的印象有决定性的影响。如果空白部分加多，就会使格调提高，且稳定版面；若空白较少，就会给人留下活泼的印象。如果在设计信息量很丰富的杂志版面时采用较多的空白，显然就不适合了。如图 2-82～图 2-85 所示为不同版面率的网页。

图 2-82 不同版面率的网页（一）

图 2-83 不同版面率的网页（二）

图 2-84 不同版面率的网页（三）

图 2-85 不同版面率的网页（四）

28. 屏幕上字的大小

多媒体影像通常是在计算机影像显示器（monitor）或电视机上呈现的。根据分析，为了视觉的舒适感，呈现在计算机影像显示器上最小且清晰的中文字型应为 16px（宽）× 16px（高）的点阵字型的细明体。细明体是 Microsoft Windows 中文版内附的中文字型，由华康科技（今名“威锋数位”）所制作。当它使用于不能显示中文字型名称的系统时，会显示

为 MingLiU。而呈现在电视机上最小且清晰的中文字型应为 36px（宽）×36px（高）的点阵字型，这是因为需要从较远的距离观看电视机的缘故。从阅读习惯来看，为了配合人们横向阅读中文的最佳状态，一行最好不要超过 35 个字。如图 2-86、图 2-87 所示为字体编排合理的网页。

图 2-86　字体编排合理的网页（一）

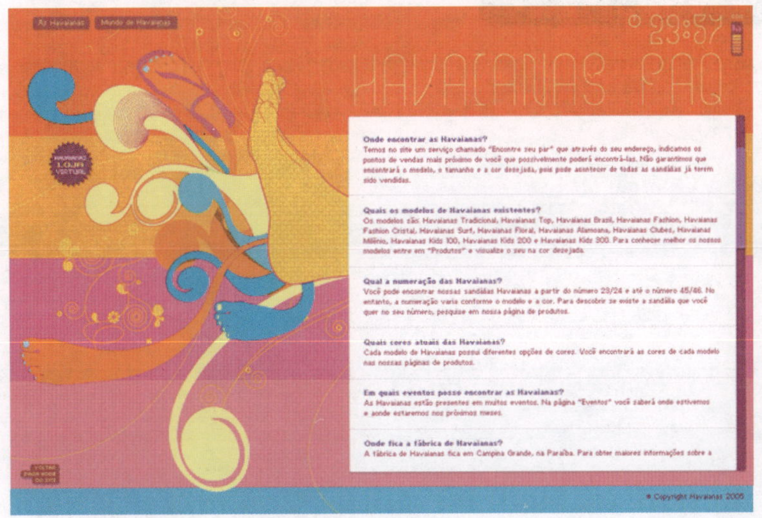

图 2-87　字体编排合理的网页（二）

一般来说，在进行多媒体的视觉传达设计之前，首先需要决定的就是屏幕上字的大小的运用标准，这与一般平面设计的过程不尽相同。

思考题

1．请运用本章所学的平面构成相关理论分析以下几个网页。

图 2-88 网页（一）

图 2-89 网页（二）

图 2-90 网页（三）

图 2-91 网页（四）

第3章

网页的色彩搭配

3.1 色彩构成原理

3.1.1 色彩的形成

物体表面色彩的形成取决于三个方面：光源的照射、物体本身反射一定的色光、环境与空间对物体色彩的影响。

光源色：由各种光源发出的光因光波的长短、强弱、比例性质的不同形成了不同的色光，这就叫做光源色，如表 3-1 所示。

表 3-1 光源色

颜　色	波长（nm）	范围（nm）
红	700	640～750
橙	620	600～640
黄	580	550～600
绿	520	480～550
蓝	470	450～480
紫	420	400～450

物体色：物体本身不发光，只是光源色经过物体的吸收反射反映到视觉中的一种光色感觉。通常把本身不发光的色彩统称为物体色。

3.1.2 色彩的组成

1. 基本色

一个色环通常包括 12 种明显不同的颜色，如图 3-1 所示。如果细分，色环还可以变为 24 色甚至更多的颜色。

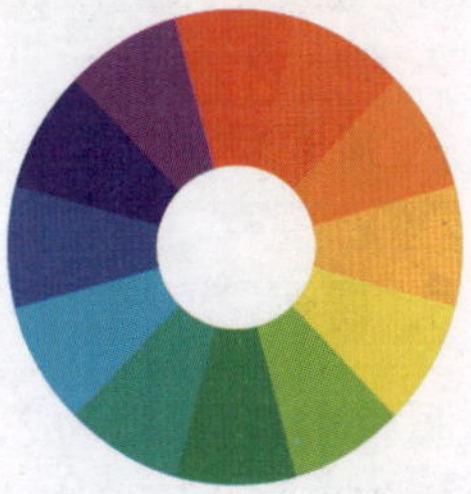

图 3-1 12 色色环

2. 三原色

从定义上讲，三原色是能够按照一些数量规定合成其他任何一种颜色的基色。红、黄、蓝三原色也可以用来构成网页色彩。因为三原色的纯度都比较高，所以其视觉效果会很强烈。如图 3-2 所示就是由三原色组成的网页图形。

图 3-2　由三原色组成的网页图形

3. 近似色

近似色是色环中相类似的颜色，如红色与橙红或紫红相类似，黄色与草绿色或橙黄色相类似等。如果想要橙色的两种近似色，就应该选择红和黄。使用近似色的颜色，可以使主题实现色彩的融洽与融合，以与自然界中能看到的色彩接近。如图 3-3 所示就是由近似色组成的网页效果。

4. 补色

正如人们所知道的相对色一样，补色是指与色环中的直接位置相对的颜色，如图 3-1 中所示的经过圆心的直线所连接的两种颜色。当想使色彩强烈突出时，选择对比色比较好；假如正在组合一幅柠檬图片，使用蓝色背景将使柠檬更加突出。如图 3-4 所示就是由补色组成的网页效果。

图 3-3　由近似色组成的网页效果

图 3-4　由补色组成的网页效果

5. 暖色

暖色由红色调组成，如红色、橙色和黄色。它们可以赋予选择的颜色温暖、舒适和活力。它们也产生了一种色彩向浏览者显示或移动，并从页面中突出出来的可视化效果。如图 3-5 所示就是由暖色色调组成的网页效果。

6．冷色

冷色来自于蓝色色调，如蓝色、青色和绿色。这些颜色将对色彩主题起到使其冷静下来的作用。它们看起来有一种从浏览者身上收回来的效果，因此将它们用做页面的背景色比较好。需要说明的是，在不同的书中，这些颜色组合有不同的名称，但是其基本原则相同。如果能够理解这些基本原则，将对网页设计十分有益。如图 3-6 所示就是由冷色色调组成的网页效果。

图 3-5　由暖色色调组成的网页效果

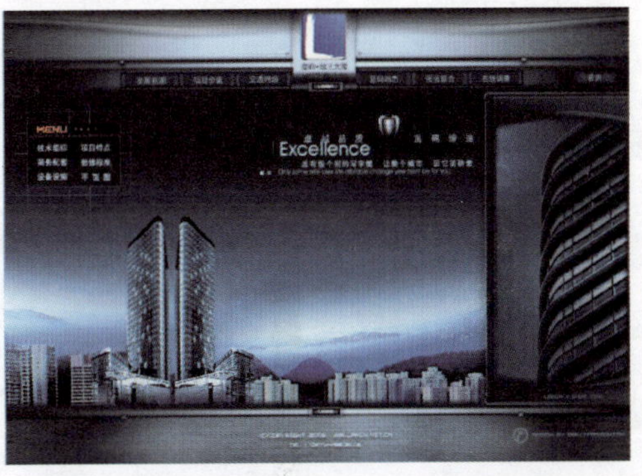

图 3-6　由冷色色调组成的网页效果

3.1.3　色彩对比

当两种以上的色彩通过空间或时间形式相比较，表现出明显的差别并产生比较作用时，就叫做色彩对比。

1．色相对比

色相对比指因色相之间的差别形成的对比。当主色相确定后，必须考虑其他色彩与主色相是什么关系，要表现什么内容及效果等，只有这样才能增强其表现力。

将相同的橙色放在红色或黄色上，将会发现在红色上的橙色会有偏黄的感觉，这是因为橙色是由红色和黄色调成的，当它和红色并列时，相同的成分会被调和而相异部分会被增强，所以看起来比单独时偏黄。其他色彩也会有这种现象，通常称之为色相对比。除了色感偏移之外，对比的两色有时还会发生互相色渗的现象，从而影响相隔界线的视觉效果。当对比的两色具有相同的纯度和明度时，对比的效果越明显；当对比的两色越接近补色时，对比效果越强烈。

2．明度对比

明度对比指因明度之间的差别形成的对比，如柠檬黄的明度高，蓝紫色的明度低，橙色和绿色属中明度，红色与蓝色属中低明度。

将相同的色彩放在黑色和白色上，比较色彩的感觉，会发现放在黑色上的色彩感觉比较亮，放在白色上的色彩感觉比较暗，明暗的对比效果非常强烈明显。如图 3-7 所示的白底上的橙色文字就不如图 3-8 所示黑底上的橙色线条明显。如图 3-9 所示就是运用明度对比的网页。

图 3-7　白底上的橙色文字

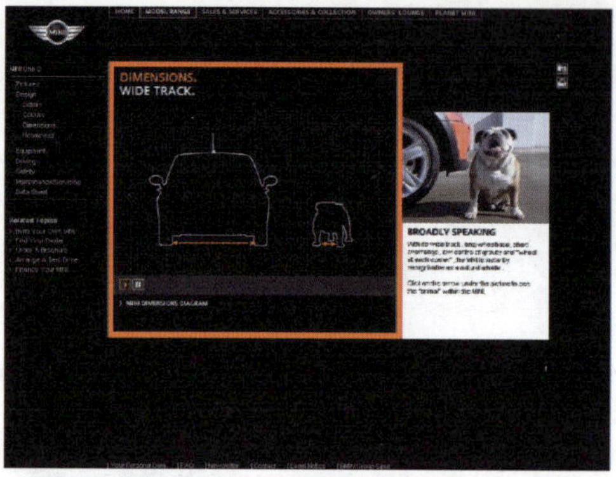

图 3-8　黑底上的橙色线条

图 3-9　运用明度对比的网页

3. 纯度对比

将一种颜色与另一种更鲜艳的颜色进行对比时，会感觉不太鲜明，但将它与不鲜艳的颜色对比时，则显得鲜明，这种色彩的对比就叫做纯度对比。如图 3-10 所示，中间的色块比左边色块的纯度高，同时又比右边色块的纯度低。如图 3-11 所示就是运用纯度对比的网页效果。

图 3-10　色块的纯度对比

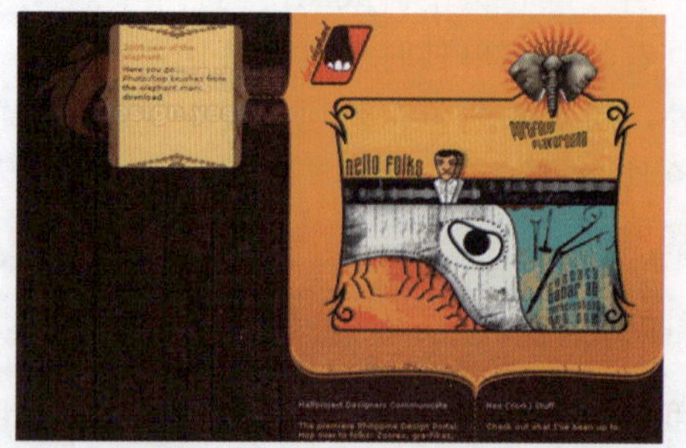

图 3-11　运用纯度对比的网页效果

4. 补色对比

将红与绿、黄与紫、蓝与橙等具有补色关系的色彩彼此并置，可使色彩感觉更为鲜

明，且可使纯度增加，这就叫做补色对比。如图 3-12 所示就是运用补色对比的网页效果。

5. 冷暖对比

由于色彩感觉的冷暖差别而形成的色彩对比叫做冷暖对比（红、橙、黄会使人感觉温暖；蓝、蓝绿、蓝紫会使人感觉寒冷；绿与紫给人的感觉则介于温暖与寒冷之间）。另外，色彩的冷暖对比还受明度与纯度的影响，白光反射率高而使人感觉冷，黑色吸收率高而使人感觉暖。如图 3-13 所示就是运用冷暖对比的网页效果。

图 3-12　运用补色对比的网页效果

图 3-13　运用冷暖对比的网页效果

3.2　网页配色的原理

网页中的色彩是使人们对网站有最直观的了解的方式之一，也是网站统一风格设计的主要组成部分。在众网站中，对于那些能让浏览者记得的两三个站点而言，往往给人留下最深刻的印象的地方就是该网站的色彩，其中包括网站的色彩系列、色彩配合元素、整体色彩氛围等。

在拍摄电影《英雄》过程中，导演张艺谋说过这样一段话："过几年以后，跟你说《英雄》，你会记得那些颜色。譬如说，你会记得在漫天黄叶中有两个红衣女子在飞舞；你会记得在水平如镜的蓝色湖面上，有两个男人在以武功交流，在水面上像鸟一样，像蜻蜓一样。"这就是色彩对人类眼球的最直接刺激的体现。如图 3-14 所示为《英雄》剧照中的鲜明色彩效果。

图 3-14　《英雄》剧照中的鲜明色彩效果

3.2.1　色彩的基本知识

显示器的颜色属于光源色。在显示器屏幕内侧均匀分布着红色（RED）、绿色（GREEN）、蓝色（BLUE）的荧光粒子。当接通显示器电源时，显示器发光并以此显示出不同的颜色。显示器的颜色是通过光源三原色的混合显示出来的，根据三种颜色内涵能量的不同，显示器可以显示出多达1600万种颜色。

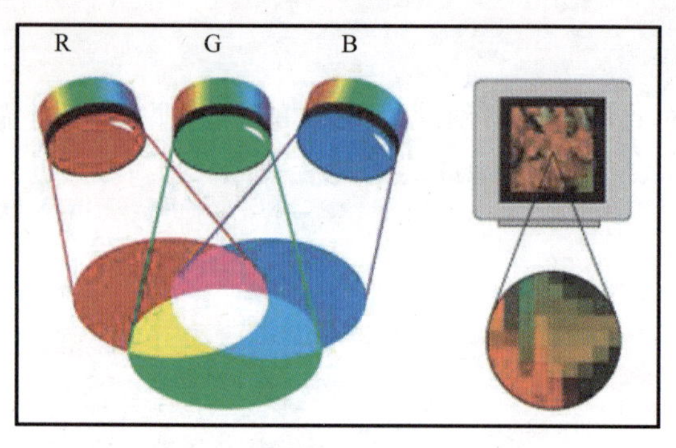

图3-15 RGB颜色模式

换句话说，显示器中的所有颜色都是通过红色（RED）、绿色（GREEN）、蓝色（BLUE）这三原色的混合来显示的，将显示器的这种颜色显示方式统称为RGB颜色体系或颜色空间。在日常生活中人们并不会过多地提及RGB颜色体系的概念，但因为网页设计师都需要使用RGB颜色模式，所以在这里要强调指出。如图3-15所示为RGB颜色模式。

不论任何色彩，皆具备三个基本的重要性质：色相、明度、纯度。一般称它们为色彩三要素或色彩三属性。

1．色相（Hue）

色相又叫色名（Hue，简称H），用于区分色彩的名称，也就是色彩的名字，就如同人的姓名用于辨别不同的人一样。

2．明度（Value）

色彩的明暗强度就是所谓的明度（Valve，简称V）。明度高是指色彩较明亮，而明度低就是指色彩较灰暗。

3．纯度（Chroma）

纯度又叫彩度（Chroma，简称C），是指色彩的纯度。通常可通过某色彩的纯度所占的比例来分辨彩度的高低，纯色比例高为彩度高，纯色比例低为彩度低。在色彩鲜艳的情况下，通常很容易感觉出高彩度来，但有时不易做出正确的判断，因为容易受到明度的影响，譬如黑、白、灰是属于无彩度的，它们只有明度。

4．色环

每个色彩模式都包含了一组三原色，经由这一组三原色的相互混合便会产生不同的颜色。在传统色彩学中，三原色指的是蓝、红、黄；而在RGB色彩模式中，色光的三原色是指红、绿、蓝。任何两个色光的组合会产生一组次颜色。三次色则是混合了原色与次色，或者是混合两种次原色后所产生的。从图3-16与图3-17中可以看出，RGB的色彩调和方式和传统艺术家们所使用的色彩调和方式是很不一样的。

图3-16 色素混合效果　图3-17 色光混合效果

色环上包含了完全饱和的颜色和一些含有较多白、灰或黑的不饱和颜色，这些颜色之间有着色相、明度、纯度等不同的变化。色环和比较纯的颜色混合可以产生动态的色彩调和；而利用数值相近的不饱和颜色中的亮度与暗度程度差不多的颜色，可设计出更细致、更柔顺的调和色彩。

3.2.2 处理颜色的方法

从理论讲，处理颜色的方法通常有两种：一是加色法，指混合不同颜色的光波以形成白光；二是减色法，指使用颜料来减少光波。传统的艺术家所使用的色盘和打印时使用的CMYK 系统都是减色法模式。在网站上，人们所面对的是光的投射，而不是从物体上反射回来的光，因此网站使用的是加色法模式，也就是上面提到的 RGB。

1. 加色法

在大自然中，人们所看到的光波是经过物体反射进入人们的视网膜的，但产生色彩的方式不仅只有这一种。例如，舞台灯光是利用白光穿过有色滤镜来产生不同的色光的。计算机屏幕也使用了投射光波的方式，但不同的是它是利用电子光枪发光投射到含磷的屏幕上而产生色光的。这些电子光枪可以发出三种颜色：红、绿、蓝。将这三种色光混合后，计算机屏幕可制作出完整的光谱，呈现出万紫千红的色彩来。

在 RGB 系统中，人们也可以通过混合三原色的方式制作出一个光谱来。混合任两个原色，就会产生三个次原色：青、洋红、黄。如前面所说的，将光的三原色加在一起就可以制作出白光了。如果一个 RGB 的值为 255，255，255，则表示为白色，其十六进制的表示方法为（FFFFFF）。如果完全拿掉这三原色的光（RGB：0，0，0），则会产生黑色，其十六进制的表示方法为（000000）。人们经常在网页代码中看到的“bgColor= #FFFFFF”就是指背景色为白色。

2. 减色法

RGB 模式的相反模式就是 CMYK 模式，也就是使用减少光波的方式来产生颜色。由于物体颜色来自于反射的光波，故此系统是使用三原色来吸收物体的红、绿或蓝光的。例如，如果减少了红光，则多余的绿色波和蓝色波就会产生青色。也就是说，用来除去红光、反射绿、蓝光的颜料就会显示青色。相同的，平面印刷时可以使用洋红来吸收掉一部分绿光，使用黄光来吸收掉一部分蓝光。

这样一来，人们很明显地可以知道 CMYK 模式中所使用的三原色就是 RGB 模式中的次颜色，反之亦同。如果将红、绿、蓝光混合在一起能形成白光，就表示将青、洋红、黄三色的颜料混合在一起就会产生黑色，因为三原色的光波都将被颜料所吸收掉。然而受限于颜料和印刷系统的因素，混合青、洋红、黄并不能完全吸收掉所有的光波。因此，实际上还必须加上一个黑色才能成功，这样就产生了 CMYK 里面的 K 元素。

3.2.3 色彩的印象

当人们看到色彩时，除了会受到其物理方面的影响外，心里也会立即产生相应的感觉，这种感觉一般难以用言语形容，称之为印象，也就是色彩印象。如果有一个能够合理客观地分析出这种感觉差异的标准，就可以利用它来说明这种感觉上的差异了。

1. 红色的色彩印象

红色是强有力的色彩，是热烈、冲动的色彩，容易引起注意。因此，它在各种媒体中被广泛地利用了。它除了具有较佳的明视效果之外，更被用来传达有活力、积极、热诚、温暖、前进等涵义的企业形象与精神。另外红色也常用来作为警告、危险、禁止、防火等标示用色，当人们在一些场合或物品上看到红色标示时，常不必仔细看内容，就能了解警告危险之意了。在工业安全用色中，红色即是警告、危险、禁止、防火的指定色。著名色彩学家约翰·伊顿教授描绘了受不同色彩刺激的红色。他说：“在深红的底子上，红色会平静下来，热度会熄灭；在蓝绿色底子上，红色就像炽烈燃烧的火焰；在黄绿色底子上，红色变成一种冒失的、莽撞的闯入者，激烈而又不寻常；在橙色的底子上，红色似乎被郁积着，暗淡而无生命，好像烧焦似的”。如图 3-18 所示为红色基调的网页效果。

图 3-18　红色基调的网页效果

2. 橙色的色彩印象

橙色的波长仅次于红色，因此它也具有由长波长带来的特征：可使人脉搏加速，并有温度升高的感受。橙色是十分活泼的光辉色彩，是暖色系中最温暖的色彩，会使人们联想到金色的秋天，丰硕的果实，因此是一种富足的、快乐而幸福的色彩。另外，由于橙色的明视度高，所以它在工业安全用色中常用做警戒色，如火车头、登山服装、背包、救生衣等的颜色。由于橙色非常明亮刺眼，有时会使人有负面低俗的印象（这种状况尤其容易发生在某类型网站的设计上），所以在运用橙色时，要注意选择搭配的色彩和表现方式，只有这样才能把橙色的明亮活泼、动感的特性发挥出来。

经验告诉人们，给橙色稍稍混入黑色或白色，就会变成一种稳重、含蓄有明快的暖色。但混入较多的黑色后，它就会变成一种烧焦的色。在橙色中加入较多的白色会给人一种甜腻的感觉。橙色与蓝色的搭配则构成了最响亮、最欢快的色彩。如图 3-19 所示为橙色基调的网页效果。

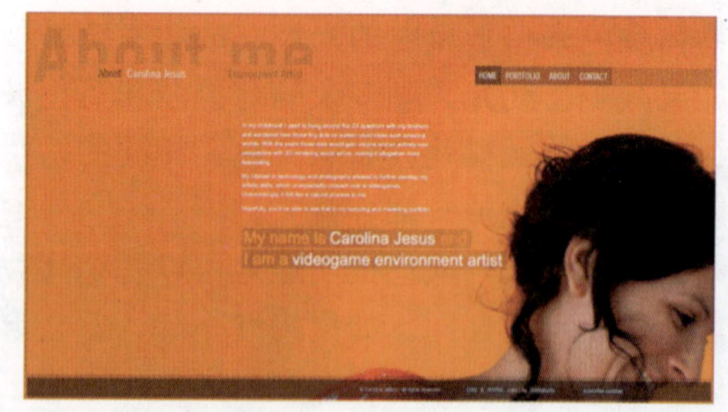

图 3-19　橙色基调的网页效果

3. 黄色的色彩印象

黄色是亮度最高的色，在高明度下能够保持很强的纯度。黄色灿烂、辉煌，且有着太阳般的光辉，因此它象征着照亮黑暗的智慧之光；黄色还有着金色的光芒，因此它又象征财富和权利，是骄傲的色彩。黑色或紫色的衬托可以使黄色达到力量无限扩大的强度。白色是吞没黄色的色彩。也就是说，黄色最不能承受黑色或白色的侵蚀，这两个色只要稍微渗入，黄色便会立即失去光辉。而淡淡的粉红色可以像美丽的少女一样将黄色这骄傲的王子“征服”。

另外，黄色的明视度高，在工业安全用色中，黄色即是警告危险色，常用于警告危险或提醒注意，如交通号志上的黄灯，工程用的大型机器，学生用的雨衣、雨鞋等也都使用了黄色。如图 3-20 所示为黄色基调的网页效果。

图 3-20　黄色基调的网页效果

4. 绿色的色彩印象

绿色是黄色和蓝色（冷暖）之间的颜色，属于较中庸的颜色，即绿色的性格最为平和、安稳、大度、宽容。它是一种柔顺、恬静、满足、优美、受欢迎之色，也是网页中使用最为广泛的颜色之一。

绿色与人类息息相关，是永恒的、欣欣向荣的自然之色，代表了生命与希望，也充满了青春活力。另外，绿色象征着和平与安全、发展与生机、舒适与安宁、松弛与休息，有缓解眼部疲劳的作用。

绿色本身具有一定的与自然、健康相关的感觉，因此它也经常用于与自然、健康相关的站点。绿色还经常用于一些公司的公关站点或教育站点。

绿色能使人们的心情变得格外明朗。黄绿色可给人带来清新、平静、安逸、和平、柔和、春天、青春的感觉。

鲜艳的绿色非常美丽、优雅，特别是用现代化技术创造出的最纯的绿色是很漂亮的颜色。绿色很“宽容、大度”，无论渗入蓝色还是黄色，它仍旧十分美丽。黄绿色单纯、年轻；蓝绿色清秀、豁达。含灰的绿色，也是一种宁静、平和的色彩，就像暮色中的森林或晨雾中的田野那样。在设计中，绿色所传达的清爽、理想、希望、生长的信息，符合服务业、卫生保健业的诉求；在工厂中，为了避免操作时眼睛疲劳，许多工作的机械也都采用了绿色；一般的医疗机构场所也常采用绿色作空间色彩规划，即标示医疗用品。如图 3-21 所示为绿色基调的网页效果。

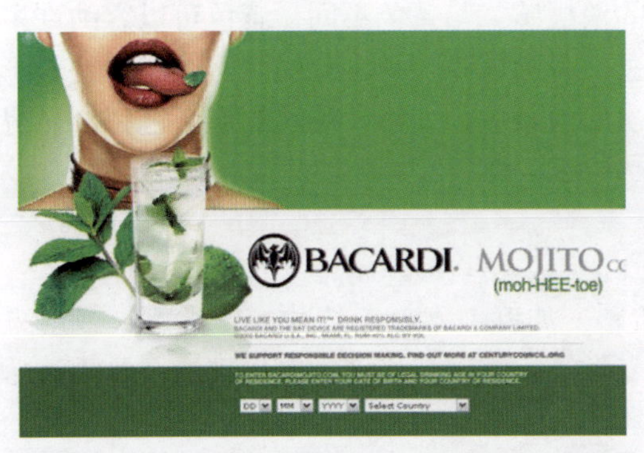

图 3-21　绿色基调的网页效果

5. 蓝色的色彩印象

蓝色是博大的色彩。天空和大海中最辽阔的景色都是蔚蓝色。无论深蓝色还是淡蓝色，都会使人们联想到无垠的宇宙或流动的大气，因此，蓝色也是永恒的象征。蓝色是最冷的色，常会使人们联想到冰川上的蓝色投影。蓝色在纯净的情况下并不代表感情上的冷漠，而是代表一种平静、理智与纯净。真正令人感觉冷酷悲哀的颜色，是那些被弄混浊的蓝色。由于蓝色具有沉稳的特性，可以传达理智、准确的信息，所以在设计中，强调科技、效率的商品或企业形象大多选用蓝色作为标准色、企业代表色，如计算机、汽车、影印机、摄影器

材等。另外，蓝色也代表忧郁，这是受了西方文化的影响，这个印象也运用在文学作品或感性诉求的设计中。如图 3-22 所示为蓝色基调的网页效果。

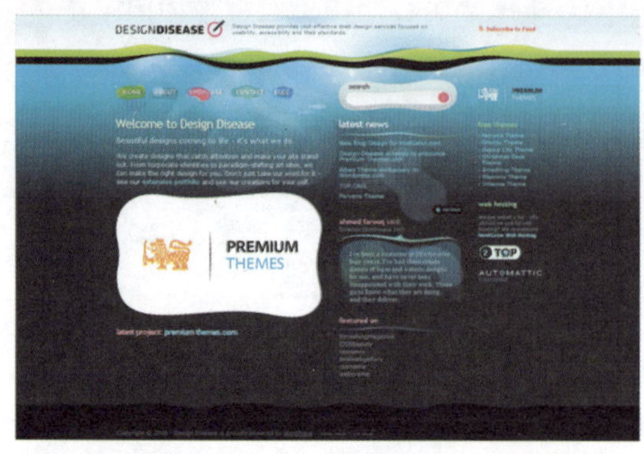

图 3-22　蓝色基调的网页效果

6. 紫色的色彩印象

紫色由于具有强烈的女性化性格，所以在设计用色中也受到了相当的限制。除了和女性有关的商品或企业形象之外，其他类的设计不常采用紫色为主色。波长最短的可见光是紫色波。通常，人们会觉得环境中有很多紫色，这是因为给红色加少许蓝色或给蓝色加少许红色时都会明显地呈现出紫色来。因此，很难确定标准的紫色。伊顿教授对紫色做过这样的描述：紫色是非知觉的颜色，神秘且给人印象深刻。它有时会给人以压迫感，并且因对比的不同，时而富有威胁性，时而又富有鼓舞性。当紫色以色域出现时，便可能产生明显的恐怖感。在它倾向于紫红色时更是如此。歌德说："当这类色光投射到一幅景色上时，就暗示着世界末日的恐怖。"还有人形容"紫色是很暧昧的色彩，如同广东人煲的某种浓汤。"

可用紫色表现混乱、死亡和兴奋，用蓝紫色表现孤独与献身，用红紫色表现神圣的爱和精神的统辖领域——简而言之，这就是紫色色带的一些表现价值。

伊顿教授对紫色的描述的确能给人们以启示，即它似乎是色环上最消极的色彩。它不像蓝色那样冷，而红色的渗入会使它显得复杂、矛盾；它处于冷暖之间游离不定的状态，加上低明度的性质，也许就构成了它在心理上引起的消极感。与黄色不同，紫色可以容纳许多淡化的层次，一个暗的纯紫色只要加入少量的白色，就会成为一种十分优美、柔和的色彩。随着白色的不断加入，也将不断地产生出许多层次的淡紫色，而每一层次的淡紫色都会显得很柔美、动人。如图 3-23 所示为紫色基调的网页效果。

7. 褐色的色彩印象

在设计上，褐色通常用来表现原始材料的质感，如麻、木材、竹片、软木等，或用来传达某些饮品原料的色泽及味感，如咖啡、茶、麦类等，或强调格调古典优雅的企业或商品形象等。如图 3-24 所示为褐色基调的网页效果。

图 3-23　紫色基调的网页效果

图 3-24　褐色基调的网页效果

8. 灰色的色彩印象

灰色介于黑色和白色之间，是中性色且具有中等明度。灰色能够吸收其他色彩的活力，削弱色彩的对立面而制造出融合的作用。

灰色能给人带来中庸、平凡、温和、谦让、中立和高雅的心理感受，也被称为高级灰，是经久不衰、最经看的颜色。

任何色彩加入灰色都能显得含蓄而柔和。但是灰色在给人高品位、含蓄、精致、雅致、耐人寻味的感觉的同时，也容易给人颓废、苍凉、消极、沮丧、沉闷的感受，如果搭配不好，页面容易显得灰暗、脏。

从色彩学上来说，灰色调泛指所有含灰色度的复合色，而复合色又指三种以上颜色的调和色。在色彩中存在有红灰、黄灰、蓝灰等上万种彩色灰，这些都属于灰色调，也就是说，灰色并不单指纯正的灰色。

在设计中，灰色会给人以柔和、高雅的印象，而且属于中间性格，男女皆能接受，因此灰色也是永远流行的主要颜色。在许多的高科技产品（尤其是和金属材料有关的）中几乎都采用灰色来传达高级、科技的讯息。使用灰色时，大多利用不同的层次变化组合或搭配其他色彩，只有这样才不会因为过于素、沉闷而有呆板、僵硬的感觉。但灰色也是最被动的色彩，即它是彻底的中性色，必须依靠邻近的色彩获得生命。灰色一旦靠近鲜艳的暖色，就会显出冷静的品格；若靠近冷色，则变为温和的暖灰色。与其用“休止符”这样的字眼来称呼黑色，不如把它用在灰色上，因为无论黑白的混合、补色的混合、全色的混合，最终都将产生出中性灰色。灰色意味着一切色彩对比的消失，是视觉上最安稳的休息点。然而，人眼是不能长久地、无线扩大地注视着灰色的，因为无休止的休息意味着死亡。如图 3-25 所示为灰色基调的网页效果。

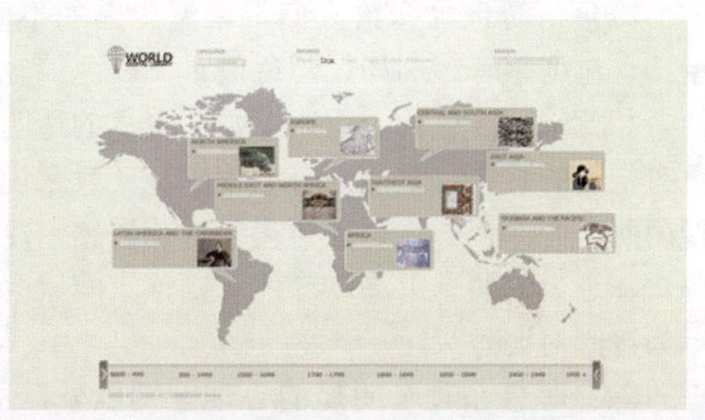

图 3-25　灰色基调的网页效果

9. 黑色与白色的色彩印象

在设计中，白色给人以高级、科技的印象。它通常需和其他色彩搭配使用。由于纯白色会带给别人寒冷、严峻的感觉，所以在使用白色时，都会掺一些其他的色彩，如象牙白、米白、乳白、苹果白。在生活用品、服饰用色上，白色是永远流行的主要色，可以和任何颜色进行搭配。

无彩色在心理上与有彩色具有同样的价值。黑色与白色是对色彩的最后抽象，代表色彩世界的阴极和阳极。太极图案就是利用黑白两色的循环形式来表现宇宙永恒的运动的。黑白所具有的抽象表现力及神秘感，似乎能超越任何色彩的深度。黑色意味着空无，像太阳的毁灭，永恒的沉默，没有未来，失去希望。而白色的沉默不是死亡，而是有无尽的可能性。黑白两色是极端对立的色，然而有时又令人们感到它们之间有着令人难以言状的共性，即白色与黑色都可以表达对死亡的恐惧和悲哀，都具有不可超越的虚幻和无限的精神，但黑白又总是以对方的存在来显示自身的力量的，因此，它们似乎是整个色彩世界的主宰。

黑色给人以高贵、稳重、科技的印象，许多科技产品的用色，如电视、跑车、摄影机、音响、仪器的色彩大多采用了黑色，黑色的庄严的印象也使其常用在一些特殊页面的网页设计中；另类设计大多利用黑色来塑造高贵的形象。黑色也是一种永远流行的主要颜色，适合和许多色彩一起搭配使用。如图 3-26 所示为黑白基调的网页效果。

图 3-26　黑白基调的网页效果

10. 色彩印象小结

自 19 世纪中叶以后，心理学已从哲学转入科学的范畴，心理学家开始注重实验所验证的色彩心理的效果。不少色彩理论中都对此做过专门的介绍，这些经验向人们明确地肯定了色彩对人的心理的影响。

冷色与暖色是依据人的心理错觉对色彩进行的物理性分类，对于颜色的物质性印象，大致由冷暖两个色系产生。波长长的红光和橙、黄色光，本身有温暖感，以此光照射到任何物体上都会增加其视觉上的温暖感。相反，波长短的紫色光、蓝色光、绿色光，会使人有寒冷的感觉。

冷色与暖色除会给人们带来温度上的不同感觉以外，还会带来其他的一些感受，如重量感、湿度感等。例如，暖色偏重，冷色偏轻；暖色有密度强的感觉，冷色有稀薄的感觉；两者相比较，冷色的透明感更强，暖色的透明感则较弱；冷色显得湿润，暖色显得干燥；冷色有很远的感觉，暖色则有迫近感。一般来说，在狭窄的空间中，若想使它变得宽敞，应该使用明亮的冷调。这是因为暖色有前进感，冷色有后退感。在细长的空间中的两壁上涂以暖色，在近处的两壁上涂以冷色，则该空间就会使人从心理上感到更接近方形。如图 3-27 所示为冷暖对比效果。

除冷暖色系具有明显的心理区别以外，色彩的明度与纯度也会造成人们对色彩物理印象的错觉。一般来说，颜色的重量感主要取决于色彩的明度，暗色给人以重的感觉，明色给人以轻的感觉。纯度与明度的变化可给人以色彩软硬的印象，如淡的亮色会使人觉得柔软，暗的纯色则有强硬的感觉。如图 3-28 所示为纯度与明度的变化。

图 3-27　冷暖对比效果

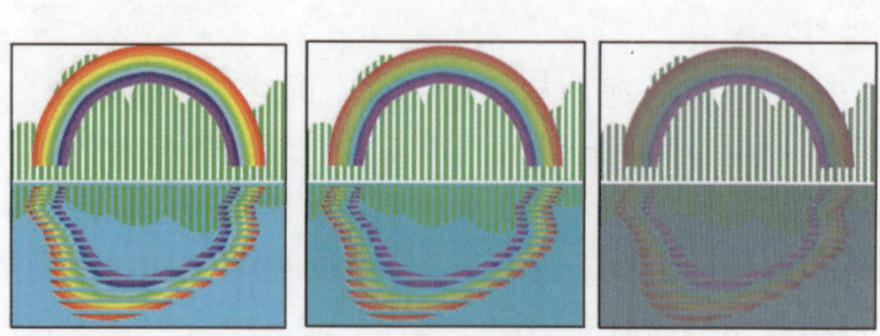

图 3-28　纯度与明度的变化

3.2.4 色彩的调和

所谓色彩调和，即指用两种或多种颜色互相调和生成新色彩的方法。因为调和的形式不同，色彩调和又分为加色法调和、减色法调和与中性调和三类。在色彩调和中需用到“和谐”一词。“和谐”一词源于希腊，其本意在美学中为联系、匀称。“美是和谐”，这首先由古希腊思想家毕达哥拉斯提出，其主要表现的是对立因素的统一。出于各种不同的美学观点，和谐在近现代扩展了它的含义。就绘画色彩而言，当代画家正冲破以往相对狭义的和谐，走向广义的反映着人的全部色彩本质的色彩和谐。

虽然人的眼睛在接受光色的总刺激量时，只有中性灰不产生视觉残像，由此可以认为中性灰对人的视觉机能是和谐的，达到了视觉完全平衡的状态。但人们的色彩视觉却不喜欢那种大面积的纯灰色所造成的呆痴的感觉、感情。人们的色彩视觉正是在无限丰富的色彩对比和连续对比中，感觉到对不同色彩本质的刺激，并在多种刺激中使视觉变得活跃、生动、鲜明和充实的。由此可见，色彩和谐的核心就是对立色彩的统一。

1. 加色法调和

加色法调和是指色光的调和形式。当两种以上的色光调和在一起时就决定了明度的提升，调和色的总亮度相当于参加调和各色明度之和。加色法调和的三原色光是红、绿和蓝，其特点是这三种色光不能用其他色光相调产生，而它们之间进行调和却能得到任何色光，故称它们为“三原色光”。通过加色法调和可得出以下几种颜色：红光+绿光=黄光；红光+蓝紫光=品红光；蓝紫光+绿光=青光；红光=绿光+蓝紫光=白光。如果改变三原色的调和比例，还可得到其他不同的颜色，如红光与不同比例的绿光调和可以得出橙、黄、黄绿等色；红光与不同比例的绿光调和可得出品红、红紫、紫红蓝；紫光与不同比例的绿光调和可以得出绿蓝、青、青绿。

加色法调和效果是由人的视觉器官来完成的。它实际上是一种视觉调和，如图 3-29 所示。

2. 减色法调和

减色法调和指色素的调和形式。当色素调和造成明度降低的减光现象时，便称之为“减色法调和”。减色调和方法分为色料调和与叠色调和两种调色方法，当两种以上的色料调和或重叠调和时，相当于白光减去各种色料的吸收光，而反射出来的光是色料调和或重叠调和产生的调和结果。色料调和种类越多，其减光现象就越明显，如图 3-30 所示。理想的颜料三原色是品红、柠檬黄和湖蓝。

图 3-29　加色法调和效果

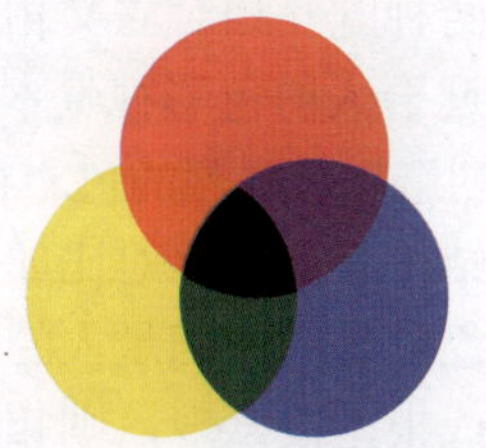

图 3-30　减色法调和效果

用减色调和法可得出：品红+黄红=红；青+黄=绿；青+品红=蓝；品红+青+黄=黑。

从图 3-29 与图 3-30 这两组叠色图中可看出一个问题：加色法调和的三原色恰好是减色法调和的三间色，而减色法调和的三原色又恰好是加色法调和的三间色。

3．空间调和

所谓空间调和，指在一定距离内通过人的眼睛的自动感应，能够把两种以上的并置色彩同化为新色彩的调和方法。空间调和是基于人眼的生理机能限制而产生的视觉色彩调和形式，这类调色效果的明度既不增加也不减少，而接近于调和色各明度的平均值，故它也被称做“中性调和”。

图 3-31　风景画作品

空间调和有以下三大特点。

（1）近看色彩丰富，远看色调统一。在不同视觉距离中，可以看到不同的色彩效果。

（2）色彩有颤动感、闪烁感，适用于表现光感。印象派画家惯用这种手法。

（3）如果变化各种色彩的比例，少套色可以得到多套色的效果。电子分色印刷就是采用的这种原理。

19 世纪点彩派画家们就利用这一视觉调和规律创作出了色彩艳丽、闪动光感的风景画作品，如图 3-31 所示。网点印刷、彩色电视、三维绘画等，均为空间调和的典型例子。

3.2.5　色彩的对比

色彩的对比指运用各种色彩同时对比的能力产生出令人敏感的色彩视觉的方法。对色彩反应迟钝的人往往难以发现同时色彩对比现象。由于参加对比的色彩结构不同，所以会构成不同的同时色彩对比结果，其中最鲜明的同时色彩对比是补色对比。画家靠色彩直觉感受色彩效果时主要依据的是补色对比，补色对比可激励出色彩视觉的最大鲜明度。为什么在众多的色彩结构中，补色对比是被人感觉到的最鲜明的色彩对比呢？实验证明，补色对比之所以呈现最鲜明的色彩视觉，有两个主要原因：一是补色对比实质上代表着可见光谱集中为两种色彩倾向的对比；二是相比其他色彩对比方式，人们对补色对比更敏感。

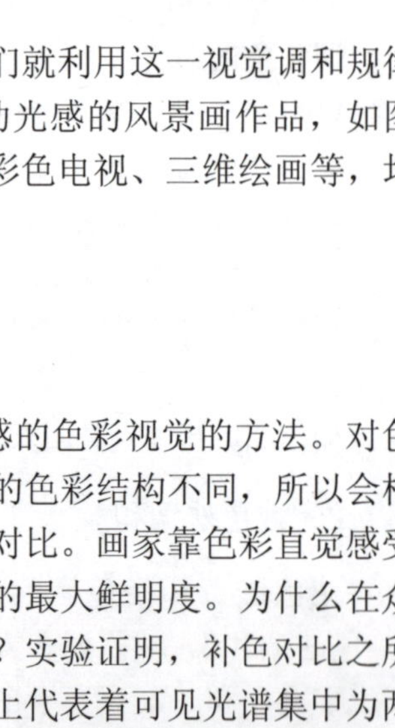

图 3-32　补色并置效果

可见光谱中有两种既互相对立又相互依存的颜色，即成互补关系的颜色，以迎合人的色彩视觉本质的需要。因此，在绘画中将补色并置可创造出最强烈的色彩视觉对比度，如图 3-32 所示。从绘画色彩结构看，补色对比如果运用得准确，便会形成既生动又稳定的色彩结构，满足人的完整的色彩本质需要；若补色运用得不当或根本没发现，则相当于画家尚未具有一双发现自己绘画色彩本质的眼睛。

补色对比虽然是反映人的色彩本质需要的最鲜明的色彩对

比，但是几对纯补色对比却会因它们的明度差距不同而出现不同的补色效果。其中明度相近的补色并置所产生的互补视觉强度最明显。对于明度差距较大的互补色并置而言，其明度差距越大，互补色的视觉鲜明度相对越小。补色视觉产生的色彩强度与色彩鲜明度有直接关系。明度高的纯色由于能量较高，所以其补色效果比明度低的纯色更明显；对于明度相当的补色并置而言，由于并置的色彩双方能量接近，所以会形成紧张的色彩对比，这种对比的色彩双方既互相需要，又在同时视觉中形成对抗的色彩局面。在绘画中，画家往往需要控制一方的面积，实现对立中的鲜明色彩和谐。在补色对比中，红与绿明度相近，因此它们是色彩对比中力量相当的最强烈的补色对比。其他构成互补关系的颜色（如黄与紫），由于它们的明度差距较明显，所以明暗对比的影响会使其同时视觉鲜明度相应降低。

除补色对比之外，所有颜色并置都会在视觉中产生同时色彩对比，比较常用的有冷暖对比、纯度对比、色相对比、明暗对比和面积的对比。在同时视觉中，它们会呈现不同的感觉—感情色彩结构。同时对比结构中的颜色之间既相互需要又相互排斥，既可以相互增强，也可以相互削弱。在绘画创作过程中，画家会用色彩直觉控制调整以下四方面的关系：色相、明度、纯度和面积。概要地说，在参加同时对比的诸方，总能量较大的色块往往会构成画面色彩结构的主导力量，从而形成画面主色调。这种处于主导地位的色块会把弱小或倾向不明的灰色置于自己的对立面。在色彩对比中，人的眼睛可以明显地看出色彩关系的主要方面决定着画面色调，而弱小部分的色块往往用做其陪衬。但主色调的颜色有时会遇到高明度、高纯度但面积较小色块的积极对抗，形成大家常常说的那种“万绿丛中一点红”的富有诗意的色彩效果。

3.2.6　色调的变化

色调大致可归纳成鲜色调、灰色调、深色调、浅色调、中色调等。

1. 鲜色调

在确定色相对比的角度、距离后，尤其是色相环中差别 90° 以上的色彩并置时，必须与无彩色的黑、白、灰及金、银等光泽色相配，在高纯度、强对比的各色相之间起到间隔、缓冲、调节的作用，以达到既鲜艳又真实、既变化又统一的积极效果，使人感觉生动、华丽、兴奋、自由、积极、健康等（如图 3-33 所示）。

2. 灰色调

在确定色相对比的角度、距离后，在各色相之中调入不同程度、不等数量的灰色，可使大面积的总体色彩向低纯度方向发展。为了加强这种灰色调倾向，最好与无彩色特别是灰色组配使用，以使人感觉高雅、大方、沉着、古朴、柔弱等（如图 3-34 所示）。

3. 深色调

在确定色相对比的角度、距离时，首先考虑多选用一些低明度色相，如蓝、紫、蓝绿、蓝紫、红紫等，然后在各色相之中调入不等数量的黑色或深白色。同时，为了加强这种深色倾向，最好与无彩色中的黑色组配使用，以使人感觉老练、充实、古雅、朴实、强硬、稳重、男性化等（如图 3-35 所示）。

图 3-33　鲜色调的网页效果

图 3-34　灰色调的网页效果

4．浅色调

在确定色相对比的角度、距离时，首先考虑多选用一些高明度色相，如黄、橘、橘黄、黄绿等，然后在各色相之中调入不等数量的白色或浅灰色。同时，为了加强这种粉色调倾向，最好与无彩色中的白色组配使用（如图 3-36 所示）。

图 3-35　深色调的网页效果

图 3-36　浅色调的网页效果

5．中色调

在优化或变化整体色调时，最主要的是先确立基调色的面积统治优势。在一幅多色组合的作品中，若大面积、多数量使用鲜色，则它势必成为鲜调；若大面积、多数量使用灰色，则它势必成为灰调，其他色调依此类推。这种优势在整体的变化中能使色调产生明显的统一感，但是如果只有基调色而没有鲜色调就会使人感到单调、乏味。如果设置了小面积对比强

烈的点缀色、强调色、醒目色，由于其不同色感和色质的作用，故会使整个色彩气氛变得丰富、活跃起来。但是整体与对比是矛盾的统一体，如果对比、变化过多或面积过大，则易破坏整体，失去统一效果而显得杂乱。

中色调是一种使用最普遍、数量最多的配色倾向，在确定色相对比的角度、距离后，可在各色相中加入一定数量黑、白、灰色，使大面积的总体色彩呈现不太浅也不太深，不太鲜也不太灰的中间状态，以使人感觉随和、朴实、大方、稳定等（如图 3-37 所示）。

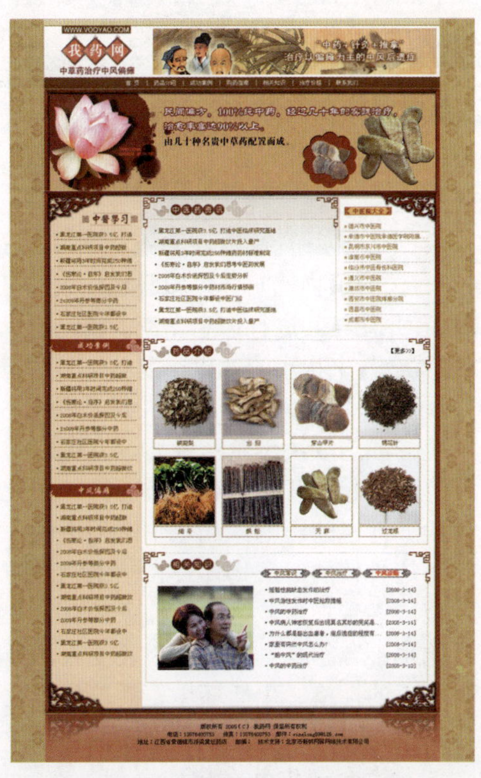

图 3-37　中色调的网页效果

3.3　网页色彩心理

网页色彩心理主要包括以下几个方面。

1. 色彩的心理效应

色彩的直接心理效应来自色彩的物理光刺激对人的生理发生的直接影响。心理学家对此曾做过许多实验。人们发现，在红色环境中，人的脉搏会加快，血压会有所升高，情绪会兴奋冲动；而处在蓝色环境中，人的脉搏会减缓，情绪也较沉静，如图 3-38、图 3-39 所示为二者的对比效果。有的科学家发现，颜色能影响人的脑电波，人的脑电波对红色的反应是警觉，对蓝色的反应是放松。自 19 世纪中叶以后，心理学已从哲学转入科学的范畴，即心理学家正开始注重实验所验证的色彩心理的效果，如色彩的冷暖感、轻重感、明快与忧郁感、兴奋与沉静感、华丽与朴素感、舒适与疲劳感、积极与消极感等。

图 3-38　冷色调空间

图 3-39　暖色调空间

2. 色彩与联想

当人们看颜色时，常常会回忆过去的经历，并不由自主地把色彩与这些经历联系起来。根据色彩的刺激想起与它有关的事物就叫做色彩联想。人们可以通过色彩的恰当使用，把网页的设计思想传达给浏览者并使与其进行信息交流的活动得以实现，反之，如果使用方法不当，使人产生不良的联想就会带来相反的效果。因此，发挥色彩联想，切实了解色彩联想的一般倾向是不可忽视的问题。联想分为具象联想、抽象联想、共感联想三种情况，这些色彩联想取决于色彩性质、立体感受、创作指向三个方面。由色彩引起的联想内容因人而异，一般受性别、年龄、兴趣、经验、性格的影响。儿童生活阅历浅，接触有限，联想之物多是身边具体的有形物体及自然景物。随着年龄增长，他们的联想范围逐步扩展，过渡至抽象的文化社会领域。另外，性别的影响也不容忽视。色彩联想还受人的经验、记忆、知识影响，且与人的性格、生活环境、教养、职业等不同也有关系。人所处时代、民族、年龄和性别的差异同样会影响联想。了解色彩对浏览者会产生什么样的联想，在网页设计中有非常重要的意义。如图 3-40～图 3-43 所示为通过不同色彩联想到酸、甜、苦、辣的味道。

图 3-40　酸的色彩联想

图 3-41　甜的色彩联想

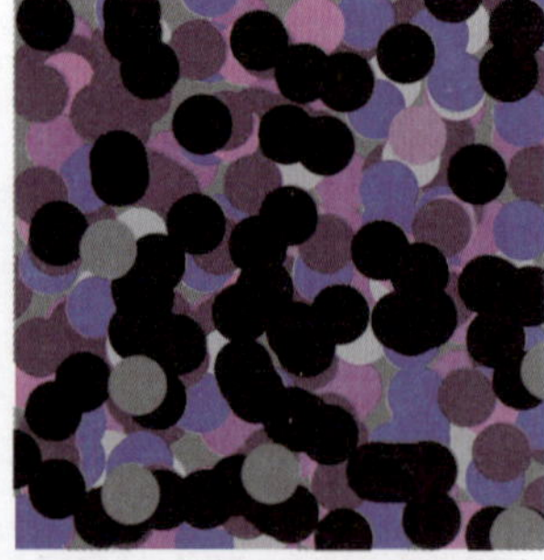

图 3-42　苦的色彩联想

图 3-43　辣的色彩联想

3. 色彩与象征

随着色彩联想的社会化，色彩日益成为某种含义的象征，人们的联想内容也随之具体化。色彩成为具有普遍意义的某种象征后，便会给人相同的印象。不过色彩的象征含义也有

局限性，并受不同国度的传统文化的影响。因此，同一种色彩往往包含多种迥然不同的含义与象征，如红色象征热情、活泼、幸福、吉祥、危险；橙色象征光明、华丽、兴奋、甜蜜、快乐；黄色象征明朗、愉快、高贵、希望、发展、注意；绿色象征新鲜、平静、安逸、和平、柔和、青春、安全、理想等。如图 3-44 所示，大多数人把家庭布置为温馨的暖色调。

图 3-44　暖色调的布置

4．色彩与记忆

色彩记忆是大脑对过去视觉经验中发生过的色彩的反映。色彩刺激作用停止以后，它的影响并不立刻消失，而会形成视觉后像，这种视觉后像是最直接的原始记忆。带有具体形象性的色彩可以长期保留在人的记忆中。人对色彩的记忆，由于年龄、性别、个性、教育等不同，差别也较大。一般情况下，暖色系要比冷色色彩的记忆性强，高纯度色彩的记忆率更高，华丽的色调比朴素的色调更易于唤起人大脑中的记忆，色彩单纯、形态简单的也比色彩多而形态复杂的容易记忆。如图 3-45 所示为色彩单纯的网页，如图 3-46 所示为色彩复杂的网页。

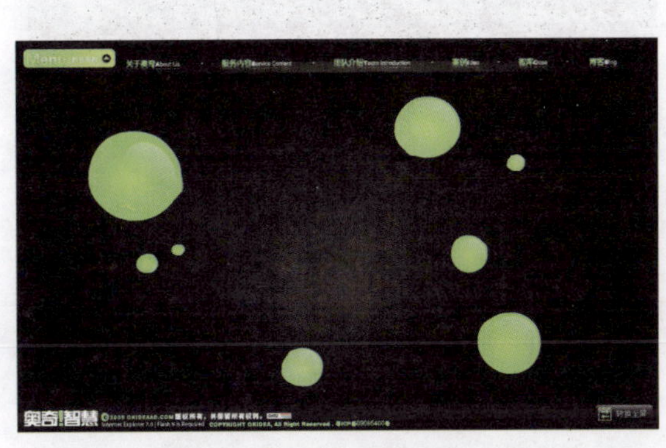

图 3-45　色彩单纯的网页

图 3-46　色彩复杂的网页

3.4　网页常用配色分析

3.4.1　网页最常用流行色

蓝色——沉静、整洁的颜色，如图 3-47 所示。

绿色——雅致而有生气的颜色，如图 3-48 所示。

橙色——活泼热烈，标准商业色调，如图 3-49 所示。

暗红——宁重、严肃、高贵，需要配黑和灰来压制刺激的红色，如图 3-50 所示。

图 3-47 蓝色

图 3-48 绿色

图 3-49 橙色

图 3-50 暗红

3.4.2 颜色的忌讳

忌脏——背景与文字内容对比不强烈且灰暗的背景会令人沮丧。

忌纯——艳丽的纯色对人的刺激太强烈，缺乏内涵。

忌跳——再好看的颜色，也不能脱离整体。

忌花——要有一种主色贯穿其中。主色并不是面积最大的颜色，而是最重要、最能揭示和反映主题的颜色。就如同领导者一样，他们虽然在人数上居少数，但起决定作用。

忌粉——颜色浅固然显得干净，但如果对比过弱，就显得苍白无力了。

一般而言，蓝色忌纯，绿色忌黄，红色忌艳。

3.4.3 几种固定搭配

蓝、白、橙——蓝为主调。白底，蓝标题栏，橙色按钮或 ICON 用做点缀（ICON 用来指定 GIF 格式或 JPEG 格式的小图标或大图标），如图 3-51 所示。

绿、白、蓝——绿为主调。白底，绿标题栏，蓝色或橙色按钮或 ICON 用做点缀，如图 3-52 所示。

橙、白、红——橙为主调。白底，橙标题栏，暗红或橘红色按钮或 ICON 用做点缀，如图 3-53 所示。

图 3-51　蓝、白、橙搭配

图 3-52　绿、白、蓝搭配

暗红、黑——暗红为主调。黑或灰底，暗红标题栏，文字内容背景为浅灰色，如图 3-54 所示）。

图 3-53　橙、白、红搭配

图 3-54　暗红、黑搭配

策划正确的配色方案时必须要有一个判断标准。网页设计师在策划一个网站时需要经过反复多次的思考，而在决定网页配色方案时同样也需要经过再三的思量。为了得到更好的策划意见，组织者既应该与合作人员反复进行集体讨论，还应该找一些风格类似的成功站点进行技术分析。由于一个大型站点是由几层甚至数十层的链接和成百上千种不同风格的网页构成的，所以在需要时应该绘制一个合理的层级图。如果在一个站点配色方案的策划中只凭设计师的感觉来决定最终的配色方案，则成功的机会就会很少，而且即使成功一次，也保证不了下一次同样能够成功。而且一个设计师好的建议在没有任何根据的情况下也不能说服团队中的其他合作成员。每个人的爱好有所不同，如果团队中的每一个成员都执意主张自己的观点，那么这个团队就会一事无成。当然，感觉是设计师的灵魂，没有感觉的设计师就如同一个没有灵魂的躯壳一样。但光凭感觉也不能够得到好的结果。如果说好的设计等于感觉加一个未知数，那么这个未知数应该就是可以说服其他人的科学合理的理论体系了。

思考题

1. 色彩的三要素是什么，什么是冷色调，什么是暖色调？

2. 结合本章所学到的色彩理论知识，试分析以下网页表达出的色彩心理和色彩搭配原理。

图 3-55　网页（一）

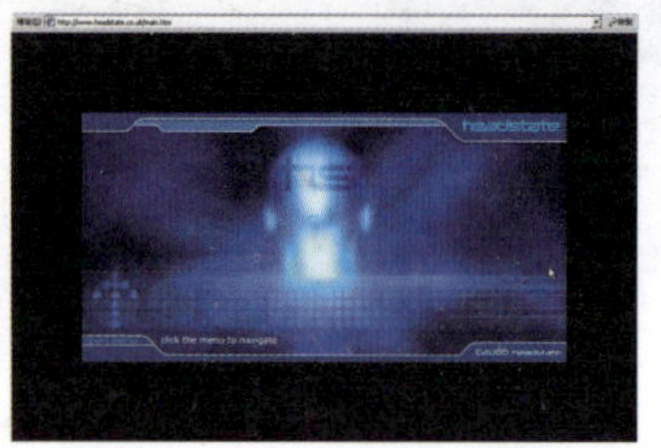

图 3-56　网页（二）

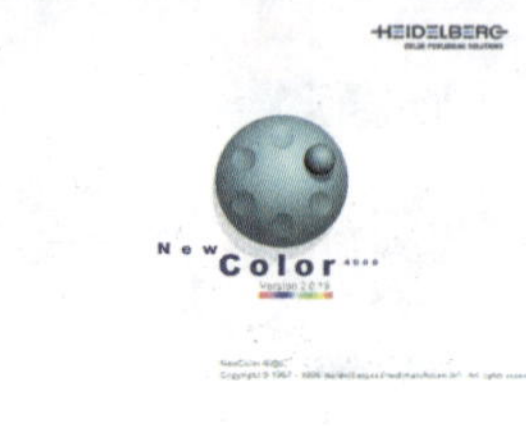

图 3-57　网页（三）

3．利用所学软件，制作以下网页中的细节部分（注意光影部分的效果的塑造）。

①

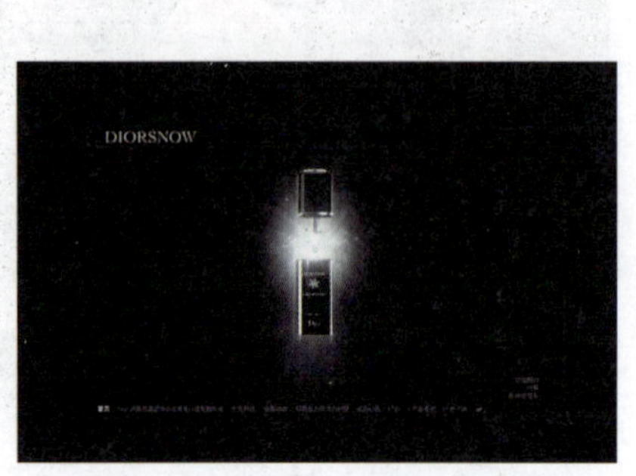

图 3-58　网页

图 3-59　局部细节

②

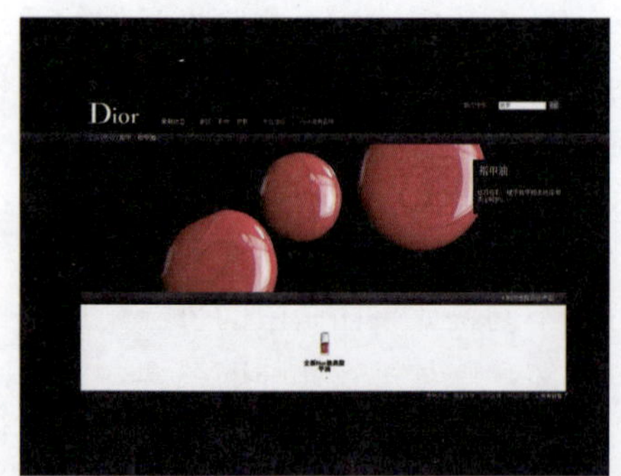

图 3-60　网页

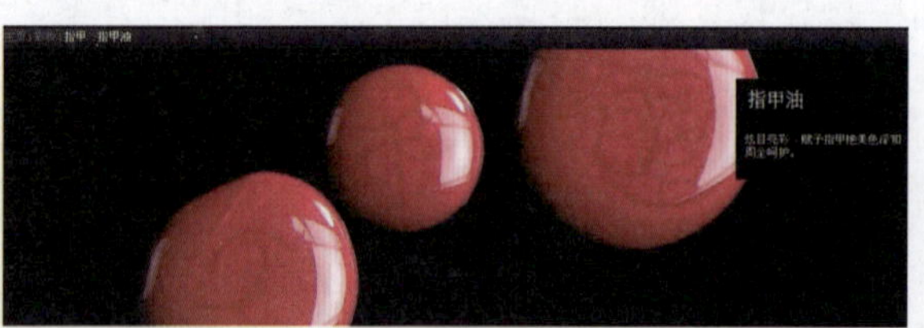

图 3-61　局部细节

第4章

网页中的字体设计

4.1 字体设计原理

文字是人类思想感情交流的必然产物。随着人类文明的进步，它由简单变得复杂，逐步形成了科学的、完美而规范化的程式。它既具有人类思想感情的抽象意义与韵调和音响节律，又具有结构完整、章法规范而又变化无穷的鲜明形象。尤其是象形文字，更是抽象与具象的紧密结合，其文字的本身也可说是一种完整的美术设计。

今天，人类社会已进入工商业突飞猛进的时代，产品的竞争、生活的美化已与人类的日常生活息息相关。文字作为传导思想感情的媒体，其美化（如图 4-1～图 4-4 所示）正随着人类文明的进步而跃居为人们研究的重要课题。

图 4-1 POP 字体

图 4-2 新字体创意网页中的装饰文字（一）

图 4-3 新字体创意网页中的装饰文字（二）

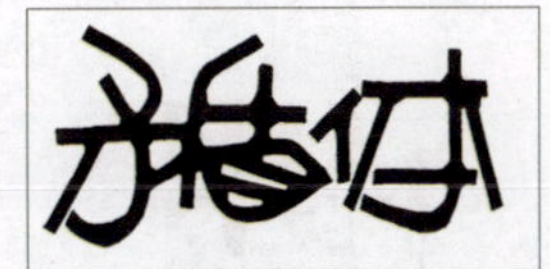

图 4-4 用 photoshop 制作的特效字

在进行字体设计时，应把握以下原则。

1. 正确

对于不同汉字或拉丁字母的构成，笔画都是法定的，只要有一处笔画不符，就会成为别字，轻则字义不同，重则不成其字，无人认得，这就完全失去了文字本身的作用。因此字形要做到确切无误，既不能任意增加笔画，也不能任意减少或改变，以便保证其信息传达的准确性。

2. 风格要统一

字母汉字的字体笔画都必须统一。如写汉字，不宜三笔隶体，二笔仿宋；写拉丁字母也不宜把楷、小楷、花楷杂组成一字；印刷体与手写体不能在一字中混合运用。

3．表情要适应文字内容的精神

每一种字体都有它自身的表情，如黑体有醒目严肃的感觉，老宋、楷书有端庄刚直的表情，仿宋、行书有清秀自由的意趣（如图 4-5 所示为宋体）。而篆书则有华贵古朴的风貌。又如拉丁字母的花楷颇相当于汉字的左篆，具有华贵古朴之感；印刷体则相当于老宋楷书，具有端庄明确的感觉；手写体则相当于仿宋、行、草，有轻松活泼的体态。因此，选择某种字体为设计美术字之基调时，应该按文字内容的精神而定。只有这样才能表里一致，发挥出文字感染力的最大功能。至于变化形式，可不拘一格。笔画的长短、肥瘦、曲直也可自由规范，只要根据文字固有结构变化即可，甚至还可进一步按透视法、立体投影、空心变化等手法加强其装饰意义，使之美化（如图 4-6 所示为黑体，如图 4-7 所示为小篆）。

宋体

图 4-5　宋体

黑体

图 4-6　黑体

篆書

图 4-7　小篆

4．字型匀称

字与字之间看起来要大小相称；字的笔画有繁有简，要合理安排。

5．结构严谨

字的结构要做到多样统一，均匀稳定，疏密有致，变化有序。

6．对文字的形象应进行艺术处理，以增强文字的传播效果

如图 4-8～图 4-11 所示都是新字体的设计。

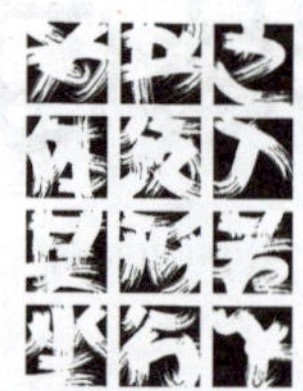

图 4-8　新字体（一）

为书之
体须入
其形若
坐行飞

图 4-9　新字体（二）

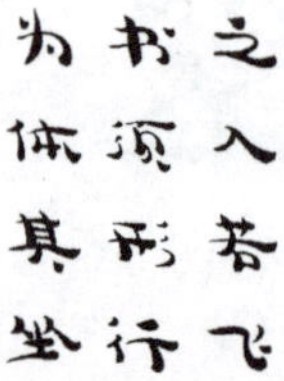

为书之
体须入
其形若
坐行飞

图 4-10　新字体（三）

为书之
体须入
其形若
坐行飞

图 4-11　新字体（四）

4.2　字体与版式设计

文字在排版设计中，不仅局限于信息传达意义上的概念，而更是一种高尚的艺术表现形式。文字已提升到启迪性和宣传性、引领人们的审美时尚的新视角层面上。文字是任何版面的核心，也是视觉传达最直接的方式。运用经过精心处理的文字材料，完全可以制作出效果很好的版面，而不需要任何图形。如图 4-12 所示就是主要由文字组成的网页，如图 4-13 所示则是文字在空间装饰中的应用，由此可以看到，以传达信息为主要功能的文字原来也可以作为图形来运用。著名的日本设计师白木樟先生就很擅长运用文字作为元素进行视觉设

计，如图 4-14 所示就是他的设计作品。

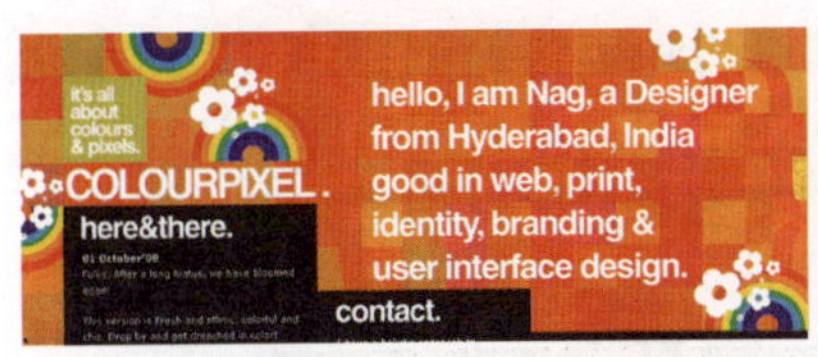

图 4-12　主要由文字组成的网页

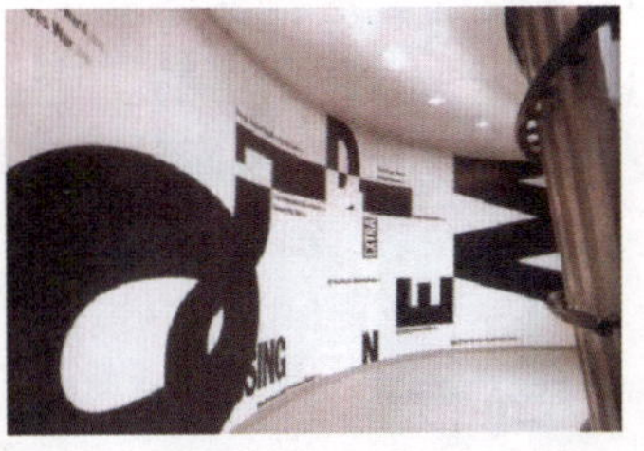

图 4-13　文字在空间装饰中的应用

图 4-14　白木樟的文字设计作品

1．字体、字号

字体的设计、选用是排版设计的基础。中文常用的字体主要有宋体、仿宋体、黑体、楷书四种。在标题上为了达到醒目的效果，又出现了粗黑体、综艺体、琥珀体、粗圆体、细圆体及手绘创意美术字等。Windows 字体既可分为光栅字体（.FON）和可缩放字体；也可分为屏幕字体、打印字体及打印和屏幕都适用的字体。TrueType 字体（TTF）就是打印和屏幕都适用的可缩放字体。

计算机中的字形库分为以下几类。

1）点阵型字库

点阵字形是指文字的字形信息在计算机字库中的一种存储方式，又称点阵数字化。文字无论怎样变化都可以写在同样大小的方格内，把一个方格分成 256 个小方格，或有 256 个“点”，这就是点阵。点阵中的每个点都有一种状态，即有笔画和无笔画。有笔画的就可以描绘文字的字形，因此称之为点阵字形。若用二进制数字来表示点阵，其中 1 表示有笔画，0 表示无笔画，那么点阵字形就可用一连串的二进制数字来表示。点阵的点数越多，文字的信息量越大，字形表示越精确（如图 4-15 所示为点阵字）。

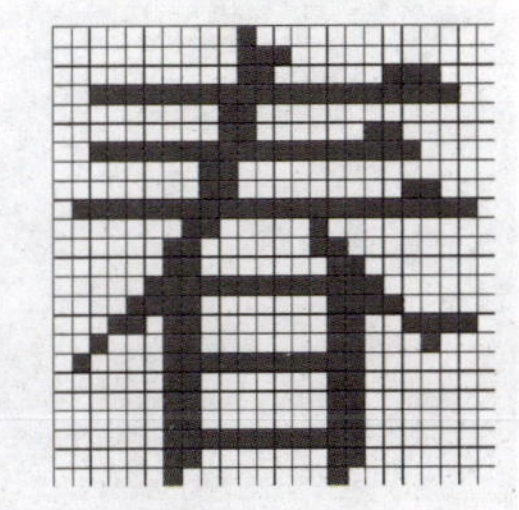

图 4-15　点阵字

特点：低标准点阵字的特点是能使用单纯字，但字形不规整，有明显的阶梯，缺乏美感。点数越多，字的精度就高，只有这样才能体现出字体的风格。但是这种点阵的字体若要用于印刷，字体的信息量会很大，不方便，而且效果还不如其他形式的字库。这种字体主要用于计算机的显示和打印输出。

2）精密型字库

精密型字库也称数字化字库，一般由 200px×200px，400px×400px 以上的点阵组成，能用于照排和印刷。近年来，国际上流行的 PostScript 页面描述语言发展很快，这种语言把字形看成图形，把文字作为图形处理，从而使得字形变化十分丰富，更加美观。使用该字库的特点是字形美观，边缘光滑，笔画舒展自然，能完美再现字体的风格。

但随着印刷精度的提高，这种字库也不能很好地满足印刷要求了。

3）矢量字库

精密型字库只是针对 300DPI（分辨率）左右的输出，出现 1000DPI 的要求时其字体放大后就有锯齿了，若字库太大则不利于存储和传输。为解决这些缺点，发展了矢量轮廓字库。它一般采用和压缩点阵相同的前端技术，在形成点阵之后用矢量描述修图的方法对初始轮廓做修正，使其达到效果。这样文字就可以方便地进行变换了，如缩放、旋转、空心、加网、倾斜等。但是这种方法做出的字连续性不好，忠实度不够，在放大一定程度时有折痕。如图 4-16 所示为精密型字库放大后边缘出现锯齿，如图 4-17 所示为矢量字库放大后边缘依然整齐。

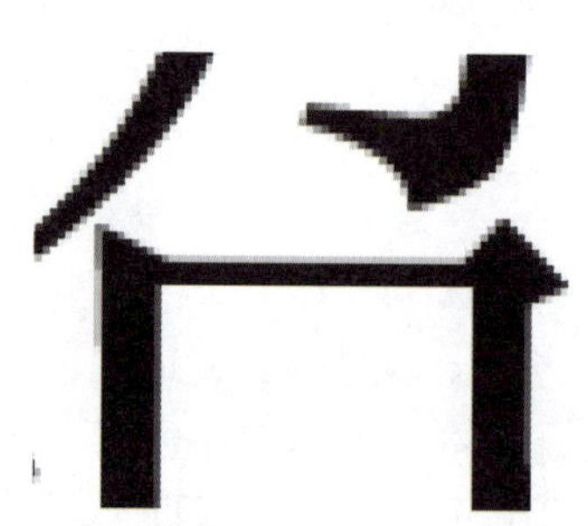

图 4-16　精密型字库放大后边缘出现锯齿

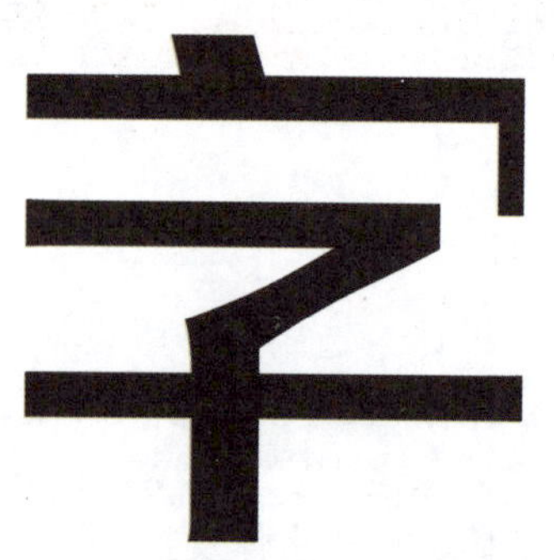

图 4-17　矢量字库放大后边缘依然整齐

4）高阶曲线轮廓字库

图 4-18　运用较少种类字体的网页

这种字库采用特殊的手段来保证在平滑过渡点的连续性。这种字库解决了前几代字模存在的问题，不仅连续性好，字形美观，而且变化丰富，不易走形，更好地符合了印刷及高质量输出的要求。

此外，在安装应用软件也会安装一些特殊的符号字体。在排版设计中，应选择两到三种字体，以达到最佳视觉结果，如图 4-18 所示，否则会显得零乱而缺乏整体效果。在选用的这三种字体中，可考虑通过加粗、变细、拉长、压扁或调整行距来变化字体的大小，这样做同样能产生丰富多彩的视觉效果。如图 4-19 所示为将文字加粗，如图 4-20 所示为将文字变细。

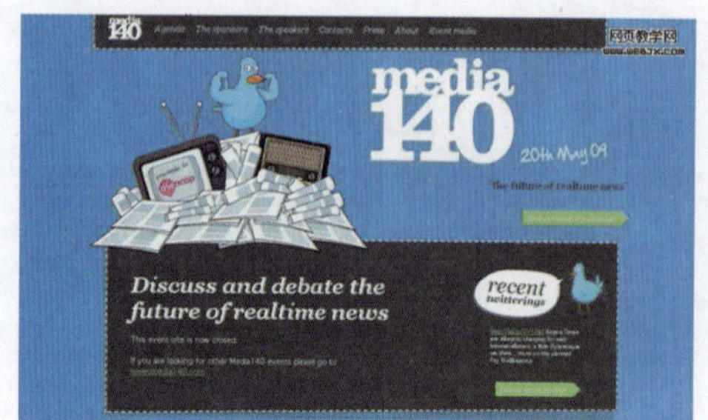

图 4-19　将文字加粗

图 4-20　将文字变细

号是表示字体大小的术语。计算机字体的大小通常采用号数制、点数制和级数来计算。点数制是世界流行计算字体的标准制度。点也称磅（P）。电脑排版系统就是使用点数制来计算字号大小的，每一点等于 0.35 毫米。

2．字距与行距

字距与行距的把握来源于设计师对版面的心理感受，也是设计师设计品位的直接体现。一般的行距在常规的比例应为：用字 8 点，行距则为 10 点，即 8∶10。但对于一些特殊的版面来说，字距与行距的加宽或缩紧，更能体现主题的内涵。现代国际上流行将文字分开排列的方式，这会使人感觉疏朗清新、现代感强。因此，字距与行距不是绝对的，应根据实际情况而定。

3．编排形式

文字的编排形式多种多样，但大致可以分为如以下几个图所示的几种。

图 4-21 中的正文字体排列得像一个箱子一样整齐，一般称之为箱式排列；图 4-22 是常见的左对齐排列方式；图 4-23 是右对齐排列方式；图 4-24 则是中轴对称式排列方式；图 4-25 是图文混排的版式设计；图 4-26 是突出字首的设计方式；图 4-27、图 4-28 是自由编排的排列方式。

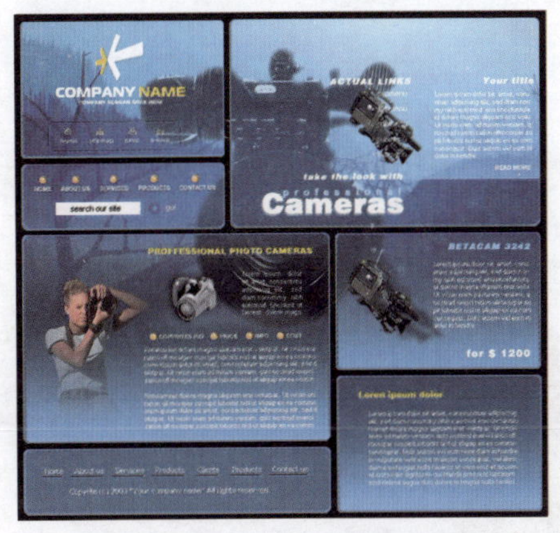

图 4-21　箱式排列

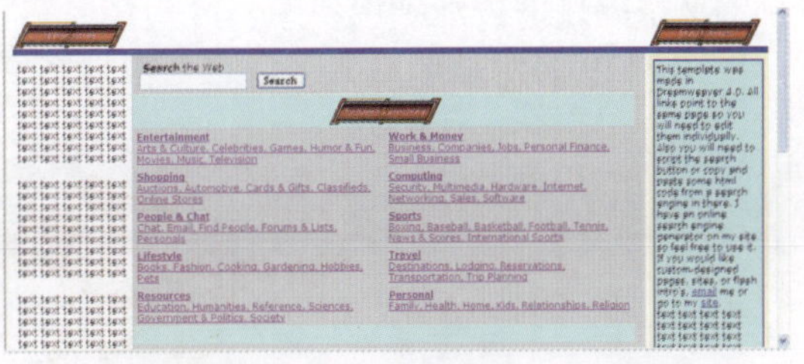

图 4-22　左对齐排列

图 4-23　右对齐排列

图 4-24　中轴对称式排列

图 4-25 图文混排的版式设计

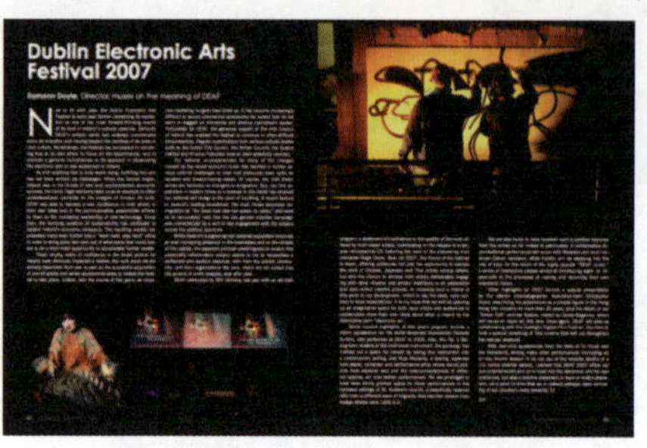

图 4-26 突出字首的设计方式

图 4-27 自由编排的排列方式（一）

图 4-28 自由编排的排列方式（二）

4. 文字编排的特殊表现

文字在版式中扮演着重要的角色，同时它的形式也是灵活多变的。下面几个图是几种常见的文字编排的特殊表现。

如图 4-29 所示是形象文字，它是根据文字的意思或内容进行艺术创造的字体。

图 4-29 形象文字

如图 4-30 所示为意象文字，即将特定的文字个性化，以直接地展示文字的内容。如图 4-31～图 4-33 所示都是图文叠印的方式，即将文字印在图片或图形的背景上。

图 4-30　意象文字

图 4-31　图文叠印的方式（一）

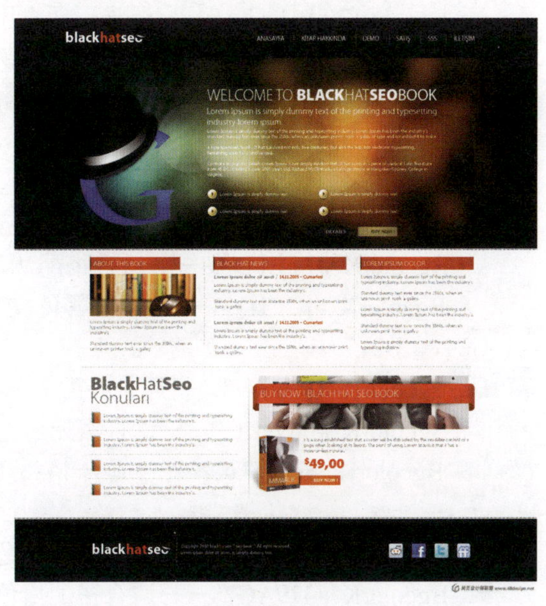

图 4-32　图文叠印的方式（二）

如图 4-34 所示为群组编排，即将文字编排在一个具体的形状中，使其图片化。

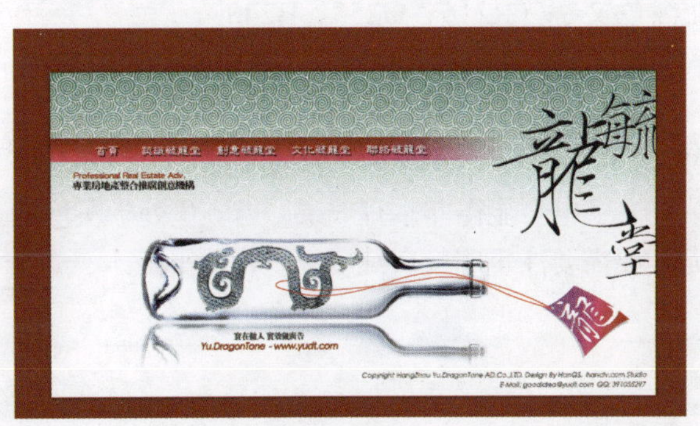

图 4-33　图文叠印的方式（三）

图 4-34　群组编排

4.3　网页中文字颜色的运用

做网页的初学者可能更习惯于使用一些漂亮的图片来作为自己网页的背景，但是浏览一下大型的商业网站，你会发现它们更多运用的是白色、蓝色、黄色等，这样做使得网页显得更加典雅、大方和温馨。更重要的是，这样可以大大加快浏览者打开网页的速度。

一般来说，网页的背景色应该柔和一些、素一些、淡一些，再配上深色的文字，使人看起来自然、舒畅。如果是为了追求醒目的视觉效果，可以为标题使用较深的颜色。下面介绍设计网页，对网页背景色和文字进行色彩搭配时经常采用的颜色，这些颜色可以用做正文

的底色，也可以用做标题的底色。这些颜色可再搭配不同的字体使用（在此仅供读者在制作网页时参考使用）。

BgcolorK"#F1FAFA"——淡雅，适合用做正文的背景色（R24、G250、B250）。

BgcolorK"#E8FFE8"——适合用做标题的背景色（R232 、G255、B232）。

BgcolorK"#E8E8FF"——适合用做正文的背景色，文字颜色可选择黑色（R232、G232、 B255）。

BgcolorK"#8080C0"——适合搭配黄色、白色文字（R128、 G128 、B192）。

BgcolorK"#E8D098"——适合搭配浅蓝色或蓝色文字（R232、G208、B152）。

BgcolorK"#EFEFDA"——适合搭配浅蓝色或红色文字（R239、G239、B218）。

BgcolorK"#F2F1D7"——搭配黑色文字显得素雅，搭配红色文字则显得醒目（R242、G241、B215）。

BgcolorK"#336699"——适合搭配白色文字（R51，G102，B153）。

BgcolorK"#6699CC"——适合搭配白色文字或用做标题（R152、G153、B104）。

BgcolorK"#66CCCC"——适合搭配白色文字或用做标题（R102、G204、B204）。

BgcolorK"#B45B3E"——适合搭配白色文字或用做标题（R180、G91、B62）。

BgcolorK"#479AC7"——适合搭配白色文字或用做标题（R71、G154、B199）。

BgcolorK"#00B271"——适合搭配白色文字或用做标题（R0、G178、B113）。

BgcolorK"#FBFBEA"——适合搭配黑色文字（R251、G251、B234）。

BgcolorK"#D5F3F4"——适合搭配黑色文字（R213、G243 、B244）。

BgcolorK"#D7FFF0"——适合搭配黑色文字（R215、G255、B240）。

BgcolorK"#F0DAD2"——适合搭配黑色文字（R240、G218、B210）。

BgcolorK"#DDF3FF"——适合搭配黑色文字（R221 、G243、B255）。

浅绿色底搭配黑色文字，或白色底搭配蓝色文字都很醒目，但前者会突出背景，后者会突出文字。红色底配白色文字，比较深的底色配黄色文字也会显得非常有效果。当颜色处于灰色地带时，颜色的调配是最难把握和权衡的，此时尤其要需要注重明度、纯度、色相的平衡。

思考题

1．试用所学软件，结合本章字体设计相关理论知识，首先仔细观察以下两组原图，然后制作其中的字体效果。

①

图 4-35 原图

图 4-36 字效

②

图 4-37　原图

图 4-38　字效

第5章

网页设计中的排版与布局

5.1 网站设计风格与创意

网站的整体风格及其创意设计是站长们最希望掌握，也是最难以学习的，难就难在没有一个固定的程式可以参照和模仿。当给出一个主题时，任何两人都不可能设计出完全一样的网站。当人们说："这个站点很 cool，很有个性！"时，是什么让读者觉得很 cool 呢？这个站点到底和一般的网站有什么区别呢？下面就从以下几个方面进行具体讨论。

5.1.1 网站风格概述

风格（style）是抽象的，是指站点的整体形象给浏览者的综合感受。

这个"整体形象"包括站点的 CI（标志、色彩、字体、标语）、版面布局、浏览方式、交互性、文字、语气、内容价值、存在意义、站点荣誉等诸多因素。网易是平易近人的，迪士尼是生动活泼的，IBM 是专业严肃的——这些都是网站给人们留下的不同感受。如图 5-1～图 5-3 所示为三者的不同风格表现。

风格是独特的，是网站彼此之间的区别之一。或者色彩，或者技术，或者是交互方式，这些因素能让浏览者明确分辨出这是你的网站独有的。例如，新世纪网络（www.century.2000c.net）的黑白色，网易壁纸站的特有框架，即使浏览者只看到网站中的其中一页，也可以分辨出它是属于哪个网站的。

风格是有人性的。通过网站的外表、内容、文字、交流可以概括出一个站点的个性、情绪，可以知道该网站是温文儒雅的，是执著热情的，是活泼易变的，还是放任不羁的。诗词中的"豪放派"和"婉约派"这些形容人的性格的词也完全可以用来比喻站点。

有风格的网站与普通网站的区别在于：从普通网站上看到的只是堆砌在一起的信息，只能用理性的感受来描述，如信息量的大小，浏览速度的快慢。但当浏览过有风格的网站后，浏览者能有更深一层的感性认识，如站点有品位、和蔼可亲等。

图 5-1　网易的网页效果

图 5-2　迪士尼的网页效果

图 5-3　IBM 的网页效果

5.1.2　树立网站风格

1. 如何树立网站风格

（1）确信风格是建立在有价值内容之上的。一个网站有风格而没有内容，就好比绣花枕头一包草，好比一个性格傲慢但却目不识丁的人。因此首先必须保证内容的质量和价值性，这是最基本的，毋庸置疑。

（2）需要彻底搞清楚希望站点给人的印象是什么。可以从以下几方面来理清思路。

☆ 如果只用一句话来描述你的站点，应该是：有创意，专业，有（技术）实力，有美感，有冲击力。

☆ 一想到你的站点，可以联想到的色彩是：热情的红色，幻想的天蓝色，聪明的金黄色。

☆ 一想到你的站点，可以联想到的画面是：一份早报，一辆法拉利跑车，人群拥挤的广场，杂货店。

☆ 如果网站是一个人，他拥有的个性应该是：思想成熟的中年人，狂野奔放的牛仔，自信憨厚的创业者。

☆ 作为站长，希望给人的印象是敬业，认真投入，有深度，负责，纯真，直爽，淑女。

☆ 用一种动物来比喻，你的网站最像：猫（神秘高贵），鹰（目光锐利），兔子（聪明敏感），狮子（自信威信）。

☆ 浏览者觉得你和其他网站的不同是：可以信赖，信息最快，交流方便。

☆ 浏览者和你交流合作的感受是：师生，同事，朋友，长幼。

（3）在明确网站印象后，开始努力建立和加强这种印象。经过第二步印象的“量化”后，需要进一步找出其中最有特色特点的东西，也就是最能体现网站风格的东西，并以它为网站的特色加以重点强化、宣传。主要可从以下几个方面考虑。

☆ 使网站的标志 LOGO 尽可能地出现在每个页面上，或者页眉，或者页脚，或者背景（网络中的 LOGO 主要是各个网站用来与其他网站链接的图形标志，代表一个网站或网站的一个板块）。

☆ 突出标准色彩。文字的链接色彩、图片的主色彩、背景色、边框等色彩应尽量使用与标准色彩一致的色彩。

☆ 突出标准字体。在关键的标题、菜单、图片里应使用统一的标准字体。

☆ 想一条琅琅上口的宣传标语，并放在 banner 里，或者放在醒目的位置，以告诉浏览者你的网站的特色是什么。如图 5-4～图 5-8 所示就是各式各样的 banner。

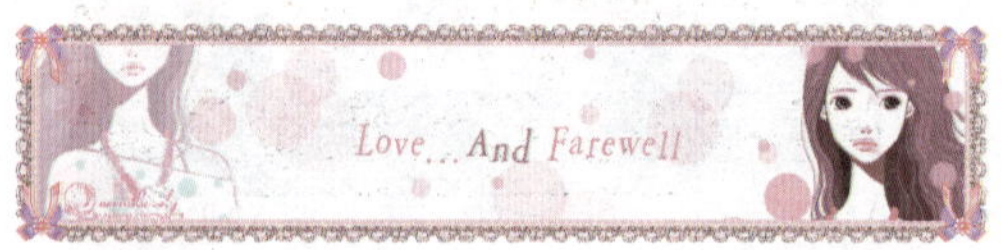

图 5-4 banner（一）

图 5-5 banner（二）

图 5-6 banner（三）

图 5-7 banner（四）

☆ 使用统一的语气和人称。即使网络是由多个人合作维护的，也要让读者觉得是同一个人写的。

☆ 使用统一的图片处理效果，如阴影效果的方向、厚度、模糊度都必须一样。如图 5-9 所示为统一的图片处理效果。

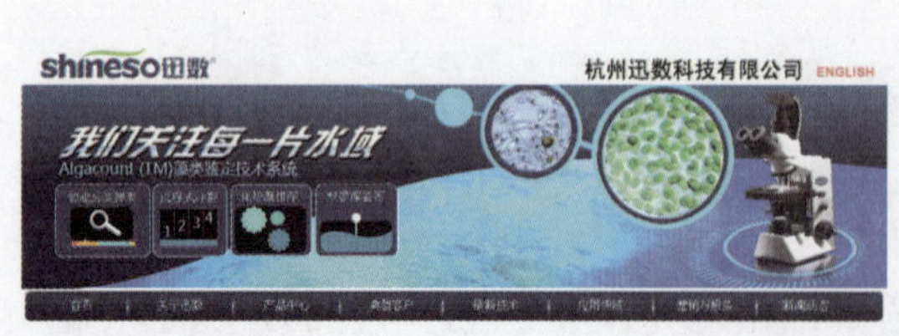

图 5-8 banner（五）

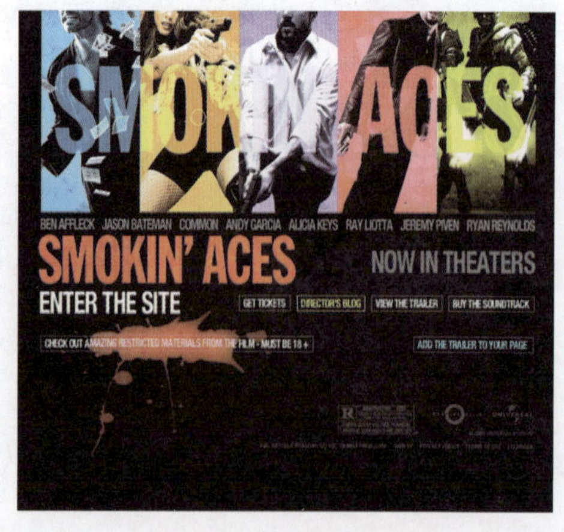

图 5-9 统一的图片处理效果

☆ 创造一个站点特有的符号或图标，如可以使用☆，※，○，◇，□，△，→等。虽然是很简单的一个变化，却可以给人与众不同的感觉，如图 5-10、图 5-11 中

所示的漂亮的图标。

图 5-10　漂亮的图标（一）　　　　图 5-11　漂亮的图标（二）

☆ 使用自己设计的花边、线条、点，如图 5-12 中所示的各式各样的花边和线条。

☆ 展示网站的荣誉和成功作品，如图 5-13 所示。

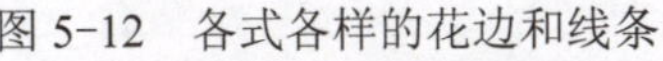

图 5-12　各式各样的花边和线条　　　　图 5-13　展示网站的荣誉和成功作品

☆ 告诉网友关于你的真实的故事和想法。

风格的形成不是一次定位的，需要在实践中不断强化、调整、修饰。

2. 运用创意

创意（idea）是网站生存的关键，然而网页设计师最苦恼的就是没有好的创意来源。

注意，这里说的创意是指站点的整体创意（指因为这个创意而产生这个站点，或者虽然拥有相同的内容，但推出的创意不同）。如图 5-14～图 5-16 所示都是充满创意的设计。

图 5-14　充满创意的设计（一）　图 5-15　充满创意的设计（二）　图 5-16　充满创意的设计（三）

创意到底是什么？创意是引人入胜，精彩万分，出其不意的东西；创意是捕捉出来的点子，是创作出来的奇招……

上述这些说法都说出了创意的一些特点。但从实质上讲，创意是传达信息的一种特别方式。例如，对于 Webdesigner（网页设计师）这个词，如果将其中的 E 字母大写，即变为 wEbdEsignEr，这就会给人一种新的感觉，这其实就是一种创意！

创意并不是天才者的灵感，而是思考的结果。根据美国广告学教授詹姆斯的研究，创意产生的过程分为以下五阶段。

（1）准备期——研究所搜集的资料，根据旧经验，启发新创意。

（2）孵化期——将资料咀嚼消化，使意识自由发展，任意结合。

（3）启示期——发展意识并结合，产生创意。

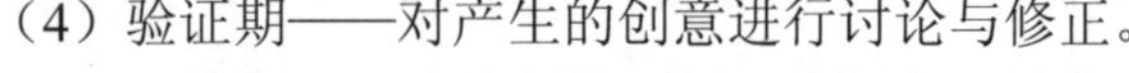

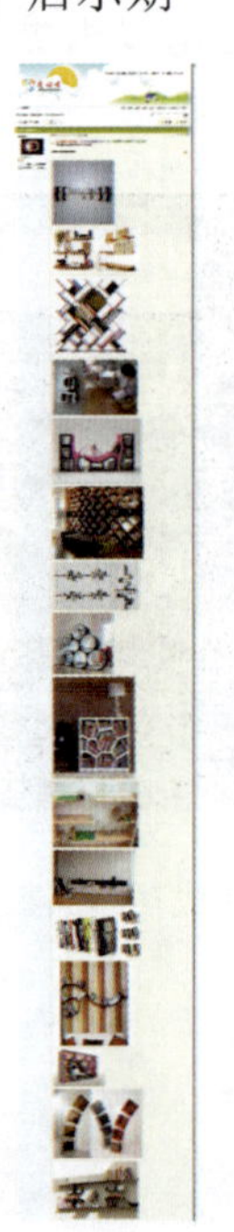

图 5-17　一种更好的创意

（4）验证期——对产生的创意进行讨论与修正。

（5）形成期——设计制作网页，将创意具体化。

总而言之，创意是对现有的要素进行的重新组合。例如，网络与电话结合会产生 IP 电话。从这一点上出发，任何人（包括你和我）都可以创造出不同凡响的创意来。而且资料越丰富，越容易产生创意。就好比万花筒，筒内的玻璃片越多，所呈现的图案越多。读者如果有心，可以发现网络上最多的创意均来自与现实生活的结合（或者虚拟现实），如在线书店、电子社区、在线拍卖。如图 5-17 所示就是一种更好的创意。

产生创意的途径最常用的是联想，这里给出了网站创意的 25 种联想线索：把对象颠倒；把对象缩小；把颜色换一下；使对象更长；使对象闪动；把对象放进音乐里；结合文字音乐图画；使对象成为年轻的；使对象重复；使对象变成立体；参加竞赛；参加打赌；变更一部分；分裂对象；使对象罗曼蒂克；使对象速度加快；增加香味；使对象看起来流行；使对象对称；将对象向儿童诉求；价格更低；给对象起个绰号；把对象打包；免费提供；以上各项的延伸组合。

需要提出的是：创意的目的是更好地宣传推广网站。如果创意很好，却对网站发展毫无意义，倒不如彻底放弃这个创意！

5.2　网页的 LOGO 设计

LOGO 是徽标或者商标的英文说法，起到对徽标拥有公司的识别和推广的作用。网络中的徽标主要是各个网站用来与其他网站链接的图形标志，代表一个网站或网站的一个板块。

5.2.1　作用

（1）LOGO 是与其他网站连接及让其他网站链接的标志和门户。Internet 之所以叫做“互联网”，就在于各个网站之间可以互相连接。要让其他人走入你的网站，必须提供一个让其进入的门户。而 LOGO 图形化的形式，特别是动态的 LOGO，比文字形式的链接更能吸引人的注意。在如今争夺眼球的时代，这一点尤其重要。

如图5-18～图5-23所示为苹果LOGO在不同网络环境中的变化。

图5-18 苹果LOGO的变化（一）

图5-19 苹果LOGO的变化（二）

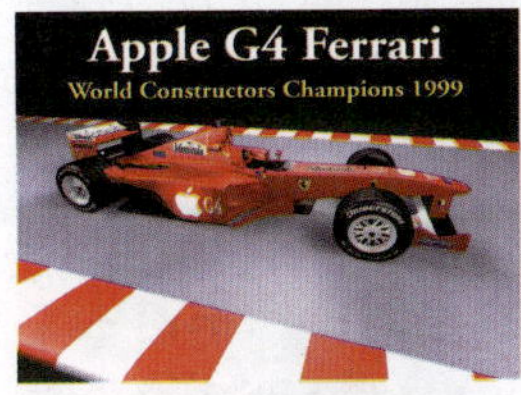

图5-20 苹果LOGO的变化（三）

图5-21 苹果LOGO的变化（四）

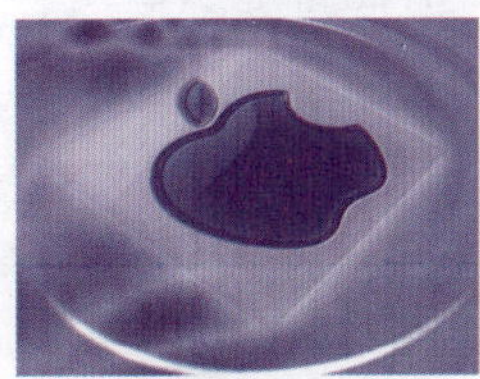
图5-22 苹果LOGO的变化（五）

图5-23 苹果LOGO的变化（六）

（2）LOGO是网站形象的重要体现。就一个网站来说，LOGO即是网站的名片。而对于一个追求精美的网站而言，LOGO更是它的灵魂所在，即所谓的“点睛”之处。

（3）LOGO能使大众便于选择。一个好的LOGO往往会反映网站及制作者的某些信息。特别是对一个商业网站来说，人们可以从中基本了解到这个网站的类型或者内容。在一个布满各种LOGO的链接页面中，这一点会突出地表现出来。试想一下，你的受众要在大堆的网站中寻找自己想要的特定内容的网站时，一个能让人轻易看出它所代表的网站的类型和内容的LOGO会有多重要！

5.2.2 国际规范

为了便于Internet上信息的传播，一个统一的LOGO国际标准是必需的。实际上已经有了这样一整套标准。其中关于网站的LOGO，目前有以下三种规格。

（1）88px×31px：这是互联网上最普遍的LOGO规格。

（2）120px×60px：这种规格用于一般大小的LOGO。

（3）120px×90px：这种规格用于大型LOGO。

当然，200px×70px这种规格的LOGO也已经出现了。

在网络LOGO设计中极为强调统一的原则。这里所讲的统一并不是指反复某一种设计原理，而应该是指将其他的任何设计原理（如主导性、从属性、相互关系、均衡、比例、反复、反衬、律动、对称、对比、借用、调和、变异等设计人员所熟知的各种原理）正确地应用于设计的完整表现。统一也可解释为与上述各原理共通，但更高、更概括、更综合的原理。

构成LOGO要素的各部分一般都具有一种共通性及差异性，这个差异性又叫做独特性或变化，而统一就是为了将由差异性组成的多样性要素提炼为一个主要表现体，又称多样统

一。在多样统一的各部分要素中，有一个大小、材质、位置等具有支配全体的作用的要素，称之为支配性要素。精确把握对象的多样统一并突出支配性要素，是设计网络 LOGO 必备的技术因素。

5.2.3 设计流程

1. 调研分析

标志不仅仅是一个图形或文字的组合，而是依据企业的构成结构、行业类别、经营理念，并充分考虑标志接触的对象和应用环境，为企业制定的标准视觉符号。在设计之前，首先要对企业做全面深入的了解，包括经营战略、市场分析，以及企业最高领导人员的基本意愿，这些都是标志设计开发的重要依据。对竞争对手的了解也是重要的步骤，标志的识别性就是建立在对竞争环境的充分掌握上的。因此，网站设计人员首先应要求客户填写一份标志设计调查问卷。

2. 挖掘要素

挖掘要素是为设计开发工作做进一步的准备。网站设计人员会依据对调查结果的分析，提炼出标志的结构类型、色彩取向，列出标志所要体现的精神和特点，挖掘相关的图形元素，找出标志的设计方向，使设计工作有的放矢，而不是对文字图形进行无目的的组合。

3. 设计开发

有了对企业的全面了解和对设计要素的充分掌握后，就可以从不同的角度和方向进行设计开发工作了。通过设计师对标志的理解，充分发挥想象，用不同的表现方式将设计要素融入设计中，可以使标志达到含义深刻、特征明显、造型大气、结构稳重、色彩搭配能适合企业，避免流于俗套或大众化的目的。不同的标志所反映的侧重或表象会有区别。设计师应经过讨论分析修改，找出适合企业的标志。

4. 修正标志

提案阶段确定的标志，可能在细节上还不太完善，经过对标志的标准制图、大小、黑白应用、线条应用等不同表现形式的修正，可使标志的使用更加规范，同时使标志的特点、结构在不同环境下使用时也不会丧失，从而达到统一、有序、规范的传播目的。

5.2.4 制作工具和方法

目前好像并没有专门制作 LOGO 的软件，其实也并不需要这样的一种软件。平时所使用的图像处理软件或者加上动画制作软件（如果要做一个动画的 LOGO），都可以很好地完成这份工作，如 Fireworks，Photoshop，Easy GIF Animator 等。而 LOGO 的制作方法也和制作普通的图片及动画没什么两样，不同的只是规定了它的大小而已。现在的 LOGO 主要以图片为主，尤其是 GIF 图片，少量的是 Flash 动画。如图 5-24 所示是 Fireworks 的界面，如图 5-25 所示是 Photoshop 的界面，如图 5-26 所示是 Easy GIF Animator 的界面。

图 5-24　Fireworks 的界面

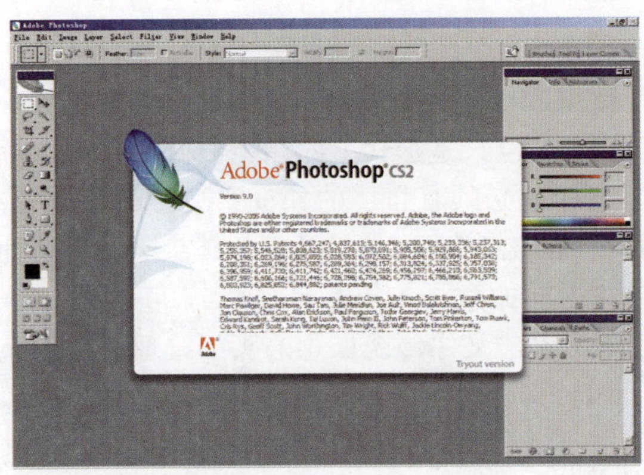

图 5-25　Photoshop 的界面

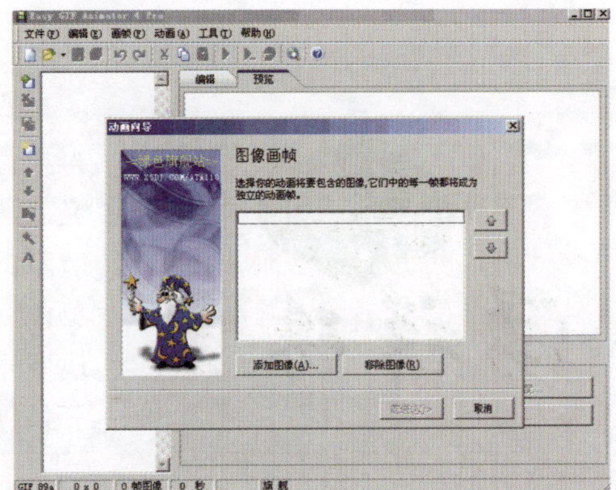

图 5-26　Easy GIF Animator 的界面

5.2.5　良好的条件

在网络 LOGO 的设计中大量采用了合成文字的设计方式，如 YAHOO，AMAZON 等和国内几乎所有网站都采用了合成文字形式的 LOGO，这一方面是由于网页寸屏寸金的制约，所以要求 LOGO 的尺寸要尽可能的小；另一方面，也是最主要的原因，是网络的特性决定了仅靠对 LOGO 产生短暂清晰的记忆，通过低成本大量反复浏览，即可产生对 LOGO 的印象记忆。因此，网络 LOGO 对于合成文字的追求已渐成网络 LOGO 的一种事实规范。

一个好的 LOGO 应具备以下几个条件，或者具备其中的几个条件。

（1）符合国际标准。

（2）精美、独特。

（3）与网站的整体风格相融。

（4）能够体现网站的类型、内容和风格。

（5）在最小的空间尽可能地表达出整个网站、公司的创意、精神等。

5.2.6　制作要素

LOGO 的应用一直是 CIS 导入的基础和最直接的表现形式，其重要性是不言而喻的。

通过对标志的识别、区别、引发联想、增强记忆，可促进被标志体与其对象的沟通与交流，从而树立并保持对被标志体的认知、认同，达到高效、提高认知度、美誉度的效果。作为时代的前卫，网络 LOGO 的设计更应遵循 CIS 的整体规律并有所突破。因此，网络 LOGO 的设计应具备以下要素。

1．识别性

对识别性的要求是 LOGO 必须容易识别和记忆，这就要求做到无论是色彩还是构图都必须简单。

2．特异性

所谓特异性就是要与其他的 LOGO 有区别，要有自己的特性。

3．内涵性

图 5-27 湧祥珠宝的 LOGO

设计的 LOGO 一定要有它自身的含义，否则就算做得再漂亮、再完美也只是形式上的漂亮，而没有一点意义。因此，LOGO 必须有自己的象征意义。如图 5-27 所示的湧祥珠宝的 LOGO 左侧是抽象的羊头，右侧是抽象的鱼尾（取吉祥如意、年年有鱼之意），正面看是一块翡翠的挂坠形象，又像传统如意的头部纹理，从而充分体现了行业特征。

4．法律意识

在设计 LOGO 时，一定要注意敏感的字样、形状和语言的使用。

5．整体形象规划（结构性）

LOGO 的不同结构会给人带来不同的感觉，就像水平线给人的感觉是平缓、稳重、延续和平静，竖线给人的感觉是高、直率、轻和浮躁感，点给人的感觉是扩张或收缩，容易引起人的注意等。

5.2.7 LOGO 设计决定品牌命运

1．LOGO 设计决定了企业的品牌命运

从以下案例中可以看出 LOGO 设计（尤其是网络方面的设计）对 LOGO 的形象变化起到了关键作用。

2006 年年底，网络设备巨头思科公布了新的企业标志，并推出新的广告计划，随后又正式启动了一项耗资 1 亿美元的营销活动，希望能够掳获更多消费者的心，使思科品牌“家喻户晓”。图 5-28 为思科主页中的 LOGO。

2006 年 1 月 3 日，英特尔宣布推出全新的品牌标志：带有“超越未来”（leap ahead）字样的新 LOGO，它全面取代了使用了 37 年的公司标志。如图 5-29 所示为英特尔全新的 LOGO。

图 5-28　思科主页中的 LOGO

图 5-29　英特尔全新的 LOGO

2006 年 1 月 9 日，柯达宣布更换品牌标志。柯达公司使用了 36 年的黄色方框和“K”图形彻底从人们视线中消失了，转而被简单的“Kodak”标志所代替。如图 5-30 所示为柯达标志的演变。

紧随国际厂商之后，本土厂商也掀起了更换标志的热潮。2006 年 3 月 28 日，中国联通将标志主体“CHINA UNICOM”字母和“中国联通”文字，以及“中国结”的形象改为中国红和水墨黑，突破了以往电信运营商的蓝色基本色。如图 5-31 、图 5-32 所示为中国联通标志的变化。

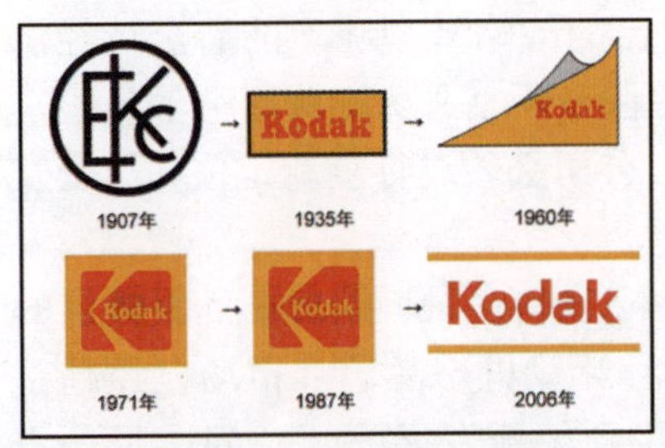

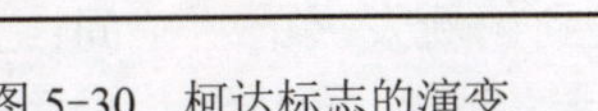

图 5-30　柯达标志的演变

图 5-31　联通标志（一）

图 5-32　联通标志（二）

2006 年 4 月 18 日，浪潮更换了新的英文标志“Inspur”，并在全球范围内注册，如图 5-33、图 5-34 所示。

华为全面启用新的品牌标志，用英文大写“HUAWEI”替代了“华为科技”四个汉字，并换为更加饱满的花瓣图案。如图 5-35 所示的华为品牌标志的释义为：在保持原有标志蓬勃向上、积极进取的基础上更加聚焦、创新、稳健、和谐，充分体现了华为将继续保持积极进取的精神，并通过持续的创新，支持客户实现网络转型并不断推出有竞争力的业务；将更加国际化、职业化，更加聚焦客户，和客户及合作伙伴一起创造一种和谐的商业环境，以实现自身的稳健成长。

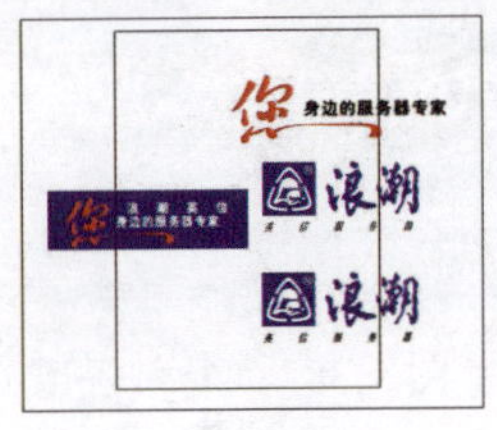

图 5-33　浪潮标志（一）

图 5-34　浪潮标志（二）

图 5-35　华为品牌标志

华为新的企业标志是公司核心理念的延伸。

（1）聚焦。新标志更加聚焦底部的核心，体现出华为坚持以客户需求为导向，持续为客户创造长期价值的核心理念。

（2）创新。新标志灵动活泼，更加具有时代感，表明华为将继续以积极进取的心态，持续围绕客户需求进行创新，为客户提供有竞争力的产品与解决方案，共同面对未来的机遇与挑战。

（3）稳健。新标志饱满大方，表明华为将更稳健地发展，更加国际化、职业化。

（4）和谐。新标志在保持整体对称的同时，加入了光影元素，显得更为和谐，表明华为将坚持开放合作，构建和谐商业环境，实现自身的健康成长。

华为品牌标志由图标和 HUAWEI 文字构成。品牌标志中的 HUAWEI 文字是为华为特别设计的。该标志不得进行任何修改，包括任何缩放变形和重新绘制。该标志必须置于正确和清晰有序的背景上。当使用有色背景时，必须确保标志清晰可辨。

2．新标志为企业重新定位风向标

仔细观察不难发现，不管是英特尔换标还是思科换标，都是配合企业的转型及重新定位，以应对激烈的市场竞争而争取的措施。可以说，换标行动是高科技厂商迈出转型的第一步。

巨头们为什么会用“换标”这样的营销手法来宣告自己的战略转型呢？随着全球经济竞争的加剧，企业因固守原有市场定位而丧失竞争优势的风险变得格外大，为了分散风险，许多企业实施多元化战略及拓宽业务领域，在这种情况下，公司必须进行重新定位并改变发展战略。由此，新标志便成为企业重新定位的风向标。

来自易观国际的分析认为，作为行业巨头的英特尔转型迫在眉睫：一方面，传统的 PC 行业增长趋缓，已让英特尔难觅突破性增长的契机，且计算机产品芯片市场已经趋于饱和，尽管赢利空间依然巨大，但在整个市场上很难再找到创新发展的新空间；另一方面，AM 日益快速的跟进，对英特尔计算芯片市场的威胁越来越大，AMD 已经不再是英特尔应对美国反垄断法的工具，更成为英特尔不得不去正视的竞争对手，这也是英特尔寻找新市场的一个推动因素。在这样的情况下，英特尔希望在把握现有优势的基础上，在消费电子市场开拓崭新的市场，始终保持先于竞争对手及对新兴的市场潜力较大的市场的进入，同时保持整体竞争的领先优势，这是英特尔推进战略转型的关键原因。另外，英特尔必须抓住不断涌现的数字家庭移动计算等消费电子的新市场机会。如图 5-36～图 5-41 所示为英特尔新 LOGO 的应用。

图 5-36 英特尔新 LOGO 的应用（一）

图 5-37 英特尔新 LOGO 的应用（二）

图 5-38 英特尔新 LOGO 的应用（三）

图 5-39　英特尔新 LOGO 的应用（四）

图 5-40　英特尔新 LOGO 的应用（五）

图 5-41　英特尔新 LOGO 的应用（六）

思科的换标是为了从幕后走向前台。作为世界最大的网络设备制造商，思科虽然也曾经在 2000 年一度超越微软成为美国市值最高的公司，曾在其进入的每一个领域都占有第一或第二的市场份额，且代表着硅谷及互联网这十年的荣耀，但思科也难以摆脱设备制造商不为消费者所知的尴尬，其品牌知名度明显低于同行。特别是在进入 2006 年以来，通信企业的竞争越演越烈，通信企业的巨头们纷纷用并购、重组、换标等方式应对竞争，如 AT&T 并购了南方贝尔，朗讯和阿尔卡特合并，诺基亚和西门子的通信部门合并，爱立信宣布进行战略重组等。思科换标表明了其主动出击，迎接挑战的决心，如图 5-42 所示。

图 5-42　思科的新标志

3. 借 LOGO 打造“亲民”形象

思科和英特尔的标志变化表露出高科技企业开始走大众路线，其未来的战略发展方向是向低端市场及个人消费者市场延伸。企业希望借用小小的 LOGO 设计来全面体现自己的“亲民”倾向。

谈及换标的原因，思科高级副总裁 Tony Bates 表示，此举的目的是使思科更加接近个人消费者。思科首席开发官 Charles Giancarlo 称，思科即将推出新的个人消费电子产品，他们希望通过此举使思科品牌深入人心。

思科新版的品牌标志用简单的“CISCO”取代了原来的“CISCO SYSTEMS”字样（如图 5-43 所示）。原先蓝绿色的金门大桥抽象图案也改为采用更粗的线条，使得其专业、严谨品牌形象变得更加柔和、活泼。该 LOGO 改走简约路线，使得思科更加平易近人，更加接近个人消费者。过去，思科的路由器、交换机都被安装在专门的场所，非 IT 部门员工几乎无法看到它们。现在，思科的 IP 电话和软件就“端坐”在员工的办公桌上。思科首席执行官 John Chambers 重申公司对 IP 网络及其无数用户的承诺：“我们相信路由器和交换机的区别，以及其他所有的一切会随着时间的推移而变得模糊。不要把我们当成是一家单一的路由器或者是交换机公司，也不要把我们当成单一的安全公司或是数据安全中心，试着将这些概念糅合起来 。”

图 5-43　思科老版的品牌标志

事实上，思科进军个人消费者市场的计划早已开始。2003 年，思科通过收购无线路由器厂商 Linksys 进入家庭路由市场，紧接着思科将目光投向了位于丹麦的 KiSS 科技公司，这是一家网络娱乐设备供应商，主要提供网络 DVD 播放机和刻录机等家用视频产品。2006

年 1 月，思科又并购了美国最大的电视机顶盒及视频传输技术提供商——科学亚特兰大公司。这一系列的并购举措已经使思科主攻个人消费类电子市场的野心一览无余，而换标只是这一系列市场运作的最后总结。

尽管目前尚未推出新的个人消费电子产品，但据思科数名高管透露，其推出已经为时不远。无独有偶，芯片巨头英特尔在 2006 年 1 月启动的投入巨大的重塑品牌计划也标志着其核心业务由 PC 向消费电子产品的重大转型。据悉，这项计划也是 2005 年 1 月 19 日英特尔宣布公司转型开始，为塑造其消费电子业界芯片和平台产品提供商的形象所做出的改变。英特尔的新标志比旧标志更加圆润，视觉上更具有亲切感，为英特尔的品牌形象平添了几分亲和力。

数字家庭是近年来英特尔等几个大厂商所倡导的概念，英特尔的换标及宣告进入个人消费者市场正符合英特尔数字家庭的战略要求。作为 IT 技术厂商，英特尔要从为企业提供服务转向为个人用户服务，同时兼顾两个消费层面，就需要在品牌推广上配合企业的战略调整，更换企业标志的行动便应运而生。作为高端技术的代表者，思科和英特尔此番大举挺进个人消费者市场的目的就是期望通过标志的改变塑造自己的“亲民”形象，从而达到品牌整体形象重塑的效果。

4. 换标后的挑战

对于英特尔、柯达、思科等厂商来说，换标行动仅仅是其战略转型的酝酿起步阶段，“变身”还将面临着接踵而来的严峻考验。高科技企业在更换标志、战略转型之后，主要面临着来自以下两大方面的挑战。

首先，作为英特尔、思科这样的高科技企业，用更换标志的方式宣告了从提供企业服务进入个人用户服务，但它又不放弃原来的企业用户市场，因此如何保持原有用户的信任度问题就成为当务之急。进军新的市场领域，会给老用户带来种种担忧，原来的目标客户就会担心企业在未来战略重点转移后对用户提供的服务质量会不会降低，是否还能够顾及企业用户的升级、维护等售后的服务需求，以及在原有市场领域的研发能力。因此，英特尔、思科首先要做的就是向原有的企业用户解释，承诺他们不放弃原有的企业用户市场，保证对老用户提供一如既往的支持，并在原有产品基础上继续进行研发的投入。

其次，英特尔、思科一直注重的是企业用户市场，对个人消费者市场的了解存在局限，而企业用户和个人用户是完全不同的两种市场领域，拓展新的市场领域需要从产品形态、服务体系、渠道建设等各个方面对原有体系进行调整，而且由于面对的目标客户不同，所以原有的体系、经验也不一定适用于所有的目标市场，可能会遇到一些不曾遇到的挑战。比如说在售后服务上，企业级用户自身都会有一定的服务人员，当产品或服务遇到问题时，企业级用户有一定的自我处理能力；而个人用户则不同，大多数用户是没有自我处理障碍能力的，这就对售后服务体系的架构提出了挑战，需要它满足个人消费者市场的要求。

5. 企业文化底蕴面临着不同的挑战

对于思科来说，最重要的是扩大品牌在个人消费者中的知名度，以及培养思科品牌的亲和力。思科一直致力于网络设备领域，在个人消费者市场领域中的知名度、影响力还远远不够，而思科旧标志中的“CISCO SYSTEM”和网络数据传送的波形图更给人以专业化的感觉，其中“SYSTEM”代表的是一种高精尖的高端科技定位，电波图透露着高科技的身份。思科希望通过更换标志来改变品牌的整体形象，并希望用新的理念来塑造、诠释自己的新的品牌形象。新的标志虽然兼顾了企业用户和个人用户的口味，但要培养个人用户对思科品牌的品牌认知度和品牌好感度，更换标志只是一个必要而不充分的条件。思科还需要在产品、渠道、销售等各方面发挥自己的品牌号召力，以提高品牌的知名度和亲和力。

而英特尔早已经是妇孺皆知的品牌，尽管英特尔一直都支持企业用户，可个人用户对英特尔一点也不陌生，其整体品牌知名度早已不是英特尔所需要关注的问题了。英特尔需要做的是转换个人用户对英特尔品牌的价值认知，让个人用户体会到英特尔品牌为其带来的新体验。从目前英特尔面临的挑战来看，其应该更多地向三、四级市场及农村市场渗透，而不能再强调自己的高端技术，并把更多的目光放在关注成本、技术上。

在应用性和可靠性上，这些公司应针对不同的目标市场，采取不同的市场战略，扩大在各级市场的份额，以使品牌知名度变为消费者的购买欲望。

5.2.8 LOGO 设计分类

1. 具象表现形式

具象表现是指忠实于客观物象的自然形态，对客观物象采用经过高度概括与提炼的具象图形进行设计的一种表现形式。具象具有鲜明的形象特征，是对现实对象的浓缩与精炼、概括与简化，它突出和夸张了客观对象本质因素。对于 LOGO 设计的形态，不可能像绘画的形式那样强求其形似，而应以图形化的方式进行组织处理；应抓住对象的精神气质，强化形象的形态特征，简化结构的格局，从而取得和谐之美，形成一种单纯、鲜明的特征来呈现所要表达的具体内容。标志是一种信息载体，其接收对象是广大的人民群众。具象的标志具有图形的通俗性与高度清晰的识别性，表现较为自由且充满个性，容易以清新、明快的视觉形象传达标志的神髓而为广大的人民群众所接受。

（1）人体造型的图形。人体造型的概念既指整个人体，也指它的局部，如肢体、五官等。人们之间的信息交流不仅仅体现在语言、文字上，也隐藏于人的姿态和表情之中。如图 5-44 所示为 2008 年奥运会的志愿者标志。

（2）动物造型的图形。以动物作为象征的主题是一个非常古老的标志题材。早在远古时期，人们就把动物当做图腾崇拜的标志。事实上，人类对动物的崇拜一直没有停止，即使在高度发达的今天，人们仍可看到企业或组织以动物造型为标志，或在商品中用做产品的商标，如图 5-45 所示。

图 5-44　2008 年奥运会的志愿者标志

图 5-45　动物造型的标志

（3）植物造型的图形。植物常常是美好的象征，用以表达吉祥如意的含义。标志中的植物造型至少受到两个方面的影响：一是装饰纹样的影响。装饰纹样不是对植物的直接摹写，而是等图形结构形成后再与具体植物结合，从而产生特定的装饰名称；二是几何化影响，近现代的标志植物造型大多归整为圆、方、三角等几何形状，显示出现代艺术中结构主义、风格派对的影响，如图 5-46 所示。

（4）器物造型的图形。器物是各种用具的总称。它涉及的范围极广、品种繁多。从形体上说，大至高耸入云的建筑物、巨大的交通工具等，小至铅笔、电器插座和插头、文具、餐具等均可出现在标志中，如图 5-47 所示。

（5）自然造型的图形。自然现象是神秘的自然力的象征。人类自诞生以来，就把自然和巨大无比的力量、变化的无穷联系在一起，而永恒的设计主题也在这里找到了归宿。星象、水和火星是这一类型标志常用的题材，如图 5-48 所示。

图 5-46　植物造型的标志

图 5-47　器物造型的标志

图 5-48　自然造型的标志

2. 抽象表现形式

抽象表现形式是指用抽象的图形符号来表达标志的含义，是以理性规划的几何图形或符号为表现形式的。在现代社会，新型的商品品种日益增多，再加上那些提供设备、技术及资料的机构，因此越来越多的地方需要使用标志。对于这些标志的设计，如果仍用一般的表现方式是难以完成的，必须创造出一种暗示含义或表示机构的抽象特征的符号。抽象形表达方式正适用于此类情况。为了使非形象性转化为可视特征图形，设计者在设计创意时应把表达对象的特征部分抽象出来。可以借助纯理性抽象形的点、线、面、体来构成象征性或模拟性的形象。抽象形式的标志单纯地表现对象的感觉和意念，具有深刻的内涵和神秘的意味感。其造型简洁，耐人寻味，会产生一种理性的秩序感，或具有强烈的现代感和视觉冲击力，从而给观者留下良好的印象和深刻的记忆。

（1）圆形标志图形。圆具有单一的中心点。它会依据这个点向周围等距离的进行放射活动，或从周围向中心点集中运动。换言之，圆形容易吸引人的视觉注意力，形成视觉中心。在中国古代人民的审美心理中，常常把对待宇宙、对待万物的哲学态度融化在这样一个圆形中，形成了求全、求满、求圆的民族心理特征，如图 5-49 所示。

（2）四方形标志图形。四方形的基本特征是具有四个角和一个中心。与圆形相比，四方形具有一定的方向性。四方形通常有正方形、矩形、梯形、菱形等。和正方形相比，矩形具有一定的方向性。梯形既具有斜线的性质，也带有明显的方向性，而且梯形的中心是偏离的。菱形是四方形的一种变体，具有一种不稳定的感觉，如图 5-50 所示为菱形标志图形。

（3）三角形标志图形。三角形是基本几何形之一，具有极强的稳定性。正三角形是最稳定的图形并且有明确的方向性，在设计中经常被用做交通标志或警示标志，如图 5-51 所示，就视觉记忆而言，它非常容易记忆。

（4）多边形标志图形。多边形是由多种几何形构成的。其构成方式一般有两种：一种是由各种几何形相互切割构成的，如圆形和四方形的切割等；另一种是由各种几何形并置而成的。多边形在结构上比其他几何形复杂得多，其内容也丰富得多。在标志设计中，多边形往往能表现多种形式和内容。但是就视觉记忆而言，多边形不如其他简单的几何形那样容易记忆，如图 5-52 所示。

图 5-49　圆形标志图形

图 5-50　菱形标志图形

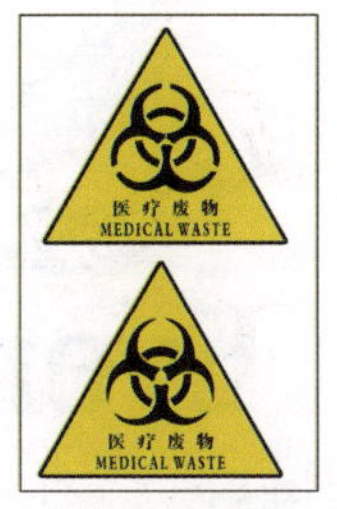

图 5-51　三角形标志图形

图 5-52　多边形标志图形

（5）方向形标志图形。方向形虽然有多种形态，但箭形是其基本形状，其他变化都源自于它。因此，方向形又称箭形。箭形的本义是箭头，其引申义是指向或朝向。在空间中，它的角度不同、方向不同，其意义也就不同，如箭头朝上表示上升和直立；箭头向下表示降低和朝下。因此，方向形的意义变化主要来自三个方面：一是方向变化；二是数量变化；三是状态变化。方向变化确立或改变了方向形的基本含义。数量变化增加了双向、多向的含义。状态变化则寓意其速度、曲折等态势，如图 5-53 所示。

图 5-53　方向形标志图形

3．文字表现形式

文字表现是由标志形象与字体组合而成的一个整体。标志是一种视觉图形，但文字标志同时具有语言特征和语音形式。文字是一种约定性的记号，具有视觉性。目前以汉字或以拉丁字母为设计元素的情况屡见不鲜。现代商业经济的发展及人类文明的演进为字体设计提供了广泛的选择。

（1）汉字标志图形。汉字被认为是表形和表意文字的典范。现用汉字是从甲骨文、金文演变而来的。它在形体上逐渐由图形变为笔划，由象形变为象征，由复杂变为简洁；在造字原则上，它则是从表形、表意到形声进行演化的。同时汉字作为标志的基本造型，常常是人们探索标志设计民族化的途径之一。在我国传统习惯中，古人常利用字形、字音和词义等因素进行巧妙组合，如图 5-54 所示。

（2）拉丁字母标志图形。拉丁字母标志在信息量上强调简洁明了，即用最少的笔墨传达最大的信息量；在造型上，它提倡图形的可视性，要求图形清晰耐看；在构思上，它主张从内容及其意蕴出发，使标志与产品、组织的性质、特点相适应；在设计技巧上，它一般采取字母组合和象形图形相结合等方式，如图 5-55 所示。

（3）数字标志图形。以数字作为标志造型的基础，是因为数字具有“独特性”、“记忆的深刻性”、“造型新颖性”。与文字等形态相比，数字显得极为简洁，便于识别，便于形态的变化。事实上，改造后的数字造型是极具魅力和富有现代感的。因此，以数字作为标志也不失为一条标志设计的创新之路。但在现实中，数字造型尤其是汉字的数字造型常被人们所忽视。数字标志图形一般可分为阿拉伯数字标志图形和汉字数字标志图形，如图 5-56 所示。

图 5-54　汉字标志图形

图 5-55　拉丁字母标志图形

图 5-56　数字标志图形

5.3　导航栏的统一与变化

5.3.1　导航栏

导航系统的作用包括告诉人们在哪里，可以去哪里，这里有什么，附近有什么，从而指引浏览者下一步的行为。

1. 导航系统的分类

导航系统可分为全站导航系统、区域导航系统、情境式导航系统、辅助性导航系统。

浏览器的导航设计主要考虑了浏览器环境，其实浏览器上已经有后退、前进、收藏、设为首页等功能，但有时在页面本身的浏览情境当中也最好要放这些功能，如在浏览一篇文章，到了结尾能看到“收藏”、“关闭”、“返回”等功能，可以方便不少用户在看完后进行其他意图的操作。其特点还包括区分有无链接的文字样式，区分是否浏览过文字的样式（这些其实是编写 CSS 样式范围内的）。

（1）全站导航系统。全站导航系统就是要在网站上的每一页都展示其导航系统，并可直接连向重要的区域和功能（无论用户在哪个网站层次中）。全站导航保持一致性，并以密集且重复来访的用户为中心来进行设计和测试。

值得一提的是，具有情境式的全局导航系统，不仅会告诉用户这里有什么内容，还会告诉用户正处在哪块内容中，如图 5-57 所示。

（2）区域导航系统。当用户进入某个栏目中后，可能会发现该栏目还有很多小栏目。把这些小栏目列出来，可以方便用户立刻浏览那些内容。有些网站会把全站导航和区域导航整合成一致且统一的系统，如下拉菜单。和全站导航一样，在同一个站点中，栏目的表现形式最好是一致且统一的，如图 5-58 所示。

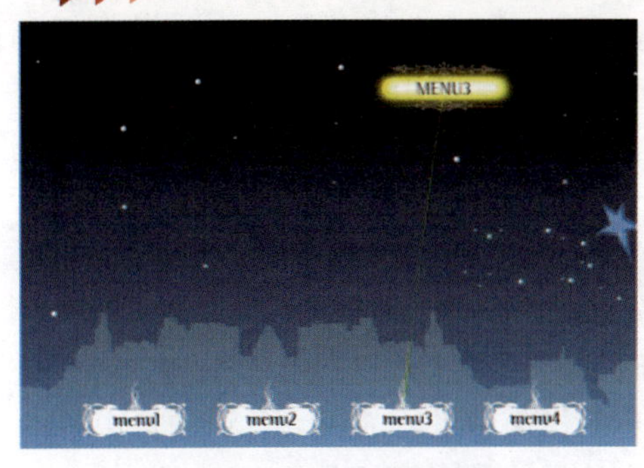

图 5-57　全站导航系统

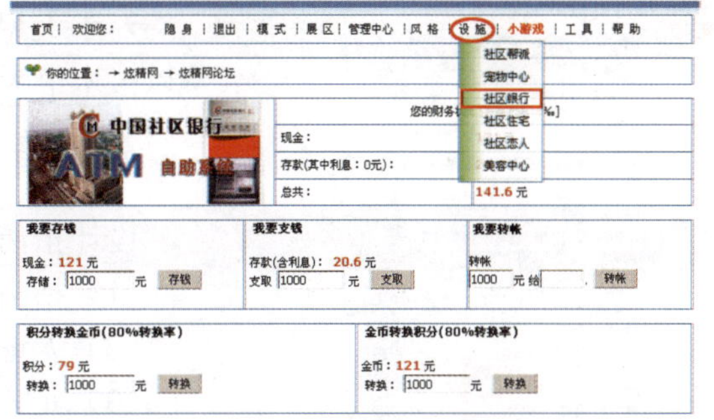

图 5-58　区域导航系统

（3）情景式导航系统。进入目的页面后，会有一些内容指向特定的网页、文件、对象，如网站上的“相关文章”，“喜欢这个商品的用户也会喜欢”，“同类 TOP10”。要注意“情境式全局导航系统”主要用于说明所处的位置，而“情景式导航系统”用于说明在这张页面内容的情景下，有什么相关内容可以告诉并提供链接给用户。例如，在 Joyo 上买《精通 CSS》这本书时，在介绍这本书的页面中，总会有一些链接是指向于 CSS 类的其他书籍的。如图 5-59 中左侧长条矩形中的内容就是情景式导航系统。

（4）辅助性导航系统。辅助性导航系统包括网站地图、索引、指南。它是确保大型网站可用性和可寻性的关键。

网站地图的作用是：（1）强化信息层次，使用户熟悉对内容的组织方式；（2）针对了解网站用途的用户，使其直接访问内容更方便、更快；（3）避免让用户承担太多信息，协助用户。网站地图还会强化层次感、探索感。

网站地图有一个很实在的好处，即当用户在搜索引擎中找到某个网站时，它可以直接把你带到相关的栏目中，如图 5-60 所示。

图 5-59　情景式导航系统

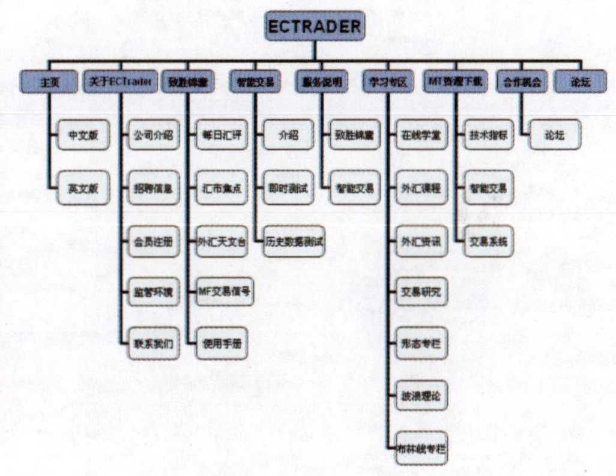

图 5-60　网站地图

2. 网站索引

网络索引就是指将网站的内容以关键词、词汇、标签分类按一定顺序（字母“\”笔画）排列起来。网站的内容之间可以没有等级关系。网络索引可以方便已知条目的寻找，如在歌星中找“曾轶可”，只要首先找到首个拼音字母“Z”后就比较容易找了，如图 5-61 所示。

对于小型网站，可以利用用户对内容了解的程度来决定要引入哪些链接来创建索引。

图 5-61 网站索引

对于大型网站，用户可以首先从索引中选择术语，再从以该术语为索引的文件清单中选出想要的。

3. 指南

设计指南时主要应依据以下原则。

（1）指南要短。

（2）无论何时，用户都能离开指南。

（3）允许用户在指南中进行前进、后退的自由移动。

（4）指南的设计目的是回答问题。

（5）截图应该明确，具有把重点功能放大的效果。

（6）如果指南有好几页，要有目录。

4. 高级设计导航方法

（1）个性化就是指针对个人的行为、需求、喜好提供剪裁后的网页给用户，如用户在网上买书时，会有“推荐同类书籍”，可能有些推荐的书你已经买过并看过了。

（2）定制化就是指给用户直接控制权，可以针对展现格式、导航和内容选项的组合做调整，如 Google Reader（如图 5-62 所示）。

（3）可视化指让用户可以采用可视化的方式浏览，如使用户在网上浏览博物馆网站时就像逛现实生活中的博物馆一样有身临其境的感觉，如图 5-63 所示。

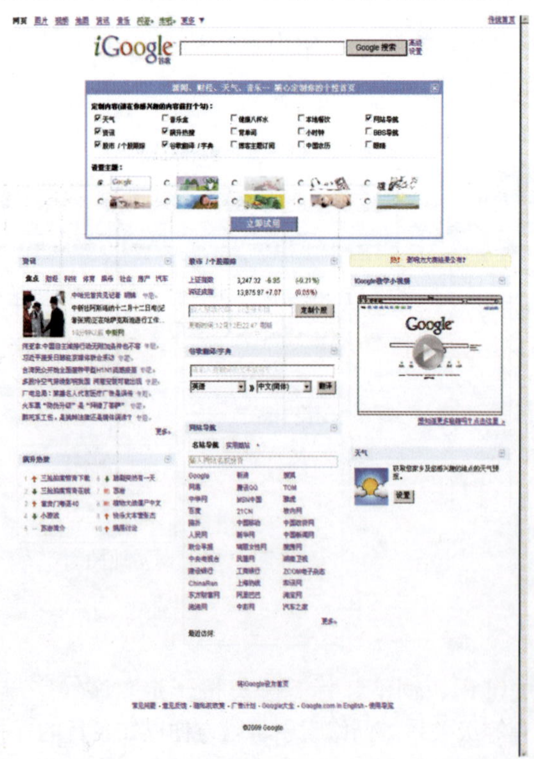

图 5-62 定制化网页

图 5-63 可视化网页

（4）社会化指用户上网的需求点、兴趣点可以从观察其他用户行为中推论出来。例如，一些人上论坛、博客时就是看最近有什么网络话题，会关注一些热门的话题；而这类话题主要是从搜索日志、使用量统计数据、顾客数据库等站长统计软件中获得的。其实这也是情境式导航，只不过这类导航的内容是通过用户的行为统计产生的，因此也就成“社会化导航”了。

5.3.2 按钮的设计

打开网页后，要想促使浏览者继续浏览，除了主页上的内容外，按钮的设计起着至关重要的作用。好的按钮设计一定会是醒目且能“吸引”用户眼球的。以下是好的按钮设计必不可少的 5 个特征。

1．颜色

与平静的页面相比，好的按钮的设计颜色一定要与众不同，要更亮而且有高对比度。

2．位置

按钮应当放在用户期望更容易找到它们的地方，如产品旁边、页头、导航的顶部右侧……这些都是醒目且不难找到的地方，如图 5-64 所示。

3．文字表达

在按钮上使用什么文字表达给用户是非常重要的。文字应当简短并切中要点，并以动词开始，如注册、下载、创建、尝试等。

如果想切实地达到吸引用户点击的目的，添加“免费”或“增值”二字有时可以起到“诱惑”的效果，当然这必须真的是免费或“增值”，不能误导或欺骗用户，如图 5-65 所示。

图 5-64　醒目的按钮

图 5-65　吸引用户的增值按钮

4．尺寸问题

如果按钮是你最为重要的设计并且你希望更多的用户点击它，那么让它更醒目些是没有坏处的。可以把这个按钮设计得比其他按钮更大些并让用户在更多的地方找到并点击它，如图 5-66 所示。

5．可“呼吸”的空间

你的按钮不能和网页中的其他元素挤在一起。它需要充足的 margin（外边距）才能更加突出，也需要更多的 padding（内边距）才能让按钮中的文字更容易阅读，如图 5-67 所示。

图 5-66　醒目的大按钮

图 5-67　按钮周边要留出空白

5.4　网页的简约设计

在网页设计中，简约并不一定等同于极简主义者的设计美学。简约的网站只是指从设计、内容及代码中移除了所有不必要的元素。

5.4.1　简约设计的特点

1．简约的设计让网站更容易导航

简约的网站没有冗余的信息。

以下两个方面有助于导航：网站拥有更少的页面和栏目；网站的设计通常是干净整洁的。网站的简约设计是一个很好的解决导航可用性问题的方案。

下面是关于导航简约设计的一些小建议。

（1）只使用一个主导航菜单。

（2）确保导航在一个网站中保持连贯性。

（3）不要使用下拉菜单作为导航，因为下拉菜单容易隐藏一些零乱的菜单。导航栏应当保持完全一样，通常应单独为导航栏建立一个框架页，这样就可以保证在更新导航栏时，所有网页都会被自动更新。

如图 5-68、图 5-69 所示为简约风格的网页。

2．简约的设计让页面加载更快

简约的设计一般会产生较小的文件，而较小的文件的加载速度会更快。此外，如果保持代码的简单和精简，就不需要去调用多个样式表，或者是大量的 JavaScript 文件，或其他增加网站 HTTP 请求数的内容了。更快的加载和响应速度会增强网站的用户体验感。

3．简约的设计让内容更容易被“浏览”

当网站上没有大量装饰性元素时，内容就成了主角，这便于访客浏览。

有一个调查显示：79%的受访用户只是在浏览一个新页面，而只有 16%的用户会逐字逐句去读一个页面。通过把网站的内容放在前面中间的位置，让访客能快速浏览，可以让他们认为你的网站非常友好，有可能下次还会再来。

4．简约的网站设计和创建会更快速

如果网站设计是简单的，则编码也很有可能是简单的。设计一个布局很简单，只有一

个或者两个页面模板，以及简单的排版的网站要比设计一个拥有 8 个版本，排版复杂，并且有复杂限制和编码背景的网站快速得多。

图 5-68　简约风格的网页（一）

图 5-69　简约风格的网页（二）

不过需要注意的是，创建一个网站看起来简单，但实际上也是相当复杂的事情。设计时应以保持代码尽可能简约为目标。有时候只需要调整某些元素的 margin（外边距）或者 padding（内边距），或稍微移动一下图片或者文字的位置，都有可能使代码大大简化，而不会对网站的前端设计产生明显的影响。

5. 简约的代码更容易避免漏洞

如果代码是简约的，就更容易发现 bugs（漏洞）。和只有 30 个属性的样式表相比，如果有 300 个不同的属性，将需要花更长的时间去找出是哪些属性出了问题。

从设计之初就应该寻求使得代码简约的方法，如合并一些 CSS 属性和定义能使样式表成为一个整体并且更加简短，合并样式表或者 js 文件也能使得网站的整体代码变得更简约等。

6. 较小的文件意味着较少的服务器空间

在上面已经提到了，简约网站的文件通常比复杂网站的文件要小，这意味着简约网站将占用较少的服务器空间和带宽。也许，对于一个月只有几千名访客的网站来说，这可能不是什么大不了的事，而对于那些有更多的网页和网站的访问者的站点来说，这些加起来其实是一个庞大的储蓄。试想，一些极简的网页上的图片大小可能会低于 100KB，而一些复杂的网站上的网页图片大小有时可能达到 1MB。这意味着复杂网络站点的成本和 10 个简单站点的组合是差不多的。如果站点有很多的内容或大量访客，简化该站点，减小站点文件的大小是一件有意义的事情。

5.4.2 怎样使网站变得简约

1. 移除不必要的装饰元素

很多网站的初始设计中包含了许多无用的装饰元素。适当移除一部分装饰元素通常可以使网站变得更加干净和精致，如图片边框、下拉阴影特效、头部和尾部中的额外图片，以及个别页面上用做额外说明的图片（在通常情况下，一张或两张图片就足够了）都可以移除或者简化。

2. 经常问自己“这些元素真的很重要吗？”

这是创建简约网站的一个极好的问题。在每种元素上，不管是其设计、编码，还是内容，都应该问问自己这些是否是真正必需的。

3. 网站上哪些元素是可以合并的？

看看网站上哪些元素是可以合并的，将其合并。

4. 一些页面是否可以合并成一个页面?能否合并一些样式来简化样式表？

一些页面是否可以合并成一个页面？能否合并一些样式来简化样式表？你的设计和代码中至少有一些可以合并从而使得网站简约。

5. 确保网站后端和前端一样简约

很多设计者只关注网站前端的设计而很少注意到它们的代码。一些看起来简约的网站在后端却是乱糟糟的。要想使后端简约，就应选择一个合适的内容管理系统（CMS）来作为网站的架构。应确保网站标记尽可能简单，这可以通过限制样式表的样式数量或使用 JavaScript 效果的数量来实现。这也意味着必须书写好的、符合标准的标记。

5.5 网页中的版式设计

互联网作为一种新的信息交流媒介，使信息的传播基本突破了各种阻隔，使其传达的范围、速度都产生了质的飞跃。我国网络发展非常迅猛，网站数量也与日俱增，然而网页设计情况却不容乐观。除了一些大的专业网站和浏览量大的门户网站在版面的编排上比较考究之外，真正界面设计精致、美术创意优秀的中文网站并不多。如图 5-70、图 5-71 所示为网站精美的版式设计举例。

因此，探讨网页的版式设计的艺术表现方法，把握网页版式设计的发展趋势，把传统

平面设计中美的形式规律同现代网页设计的具体问题相结合，将平面设计中美的基本形式和元素运用到网页中去，对于提高网页表现力、改善网站的运营效果具有重要意义。

图 5-70　网站精美的版式设计（一）

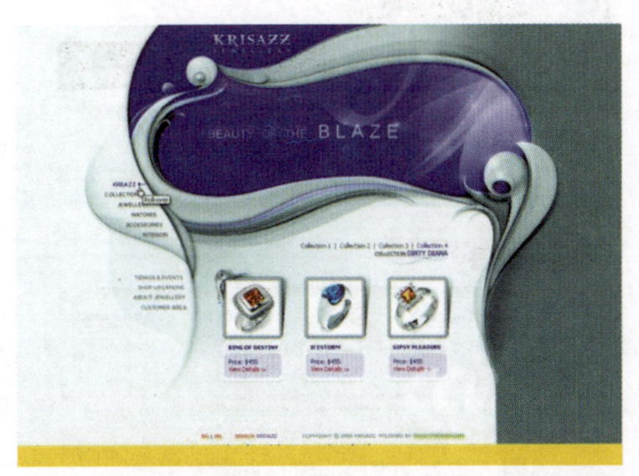

图 5-71　网站精美的版式设计（二）

5.5.1　版式设计在网页中的艺术表现

版式设计，就是指在版面上，将有限的视觉元素进行有机的排列组合，并通过理性思维，用个性化的方式表现出具有个人风格和艺术特色的视觉效果。它使得版面在传达信息的同时，也会产生感官上的美感。版式设计是现代设计艺术的重要组成部分，它不仅是一种技能，更体现了技术与艺术的高度统一。随着互联网和计算机技术的不断进步，网络以其独特的优势迅速覆盖了全球。由于它的发展融合了更多的新技术，使其艺术表现形式比传统媒体更为多样，并具有以下一些独有特点。

1. 高互动性、多维性和效果多元性

互动性是媒体的基本特征，不同媒体的互动程度和互动形式不同。传统媒体属于“低互动类媒体”，而网络作为新媒体属于“高互动类媒体”，这是因为传统媒体是以线性方式提供信息的，即按照信息提供者的感觉、体验和事先确定的格式来传播；而在网络环境下，网页浏览者不再是传统媒体方式的被动接受者，而是以主动参与者的身份加入到信息的加工处理和发布之中。这种持续的交互，使网页版式设计不像印刷品设计那样在印制发行后就一劳永逸。为保持浏览者对网站的新鲜感，很多网站总是定期或不定期地进行改版，其内容更是需要经常改变甚至“时时更新”。这就需要在保持网站视觉形象一贯性的基础上，不断创作新的网页设计作品。高互动媒体特性造成网页版式设计需要不断更新并且在设计上更要注意互动性的体现，否则其网页作品就会淹没在互联网的汪洋之中。如图 5-72、图 5-73 所示为某网络改版前后的视觉效果。

图 5-72 改版前的视觉效果

图 5-73 改版后的视觉效果

电视和广播通过频道和时间段来划分节目类型，报刊通过目录或索引帮助人们寻找需要查看的内容。但网页始终是显示在终端——显示器上的，而且网页具有传统媒体不具有的特性——多维性。多维性源于超级链接，主要体现在网页设计中对导航的设计上。导航条可以使浏览者在各种主题之间自由跳转，彻底打破了接收信息的线性方式，摆脱了时间限制，使查阅更方便，信息更多、更新。导航能提供更多的、不同角度的链接，帮助浏览者在网页之间跳转，并告知其当前所在的位置、当前页面和其他页面之间的关系等。因为网页不是按顺序排列的印刷页面，而是自由分散的，所以称网页中的导航设计为设计灵魂，它仿佛网站的神经，牵动着整个信息网，起着比目录更为重要的作用。在网页的版式设计中，快捷而完善的导航设计能够使浏览者在网页上迅速找到所需的信息，如图 5-74 所示为导航版式。

图 5-74 导航版式

网络传播的元素具有多元性，其传播效果超越任何一种传统媒体，其使用的多媒体视听元素除了文字、图片外，还有声音、视频等。随着网络带宽的增加、计算机性能的提高，以及跨平台的多媒体文件格式的推广，更多、更新的媒体元素将融入网页的版式设计，以满足浏览者对网络信息传输质量的更高要求。在目前的技术条件下，带宽是有限的，网页版式设计如果大量使用图像等多媒体元素，虽然达到了形式美的效果，却会造成拥有较大的网页数据量，必须等待很长时间才能够打开网页的后果，这样设计出的网页再漂亮也不能算优秀，因为它不符合网页传播信息的快捷性要求。毕竟形式要为内容服务，网页传输的速度下降，

不仅会影响访问效果和质量，损害访问者的情趣和积极性，还会使得技术要素影响传达信息的效果。因此，布局合理、形式适合于内容的网页最受浏览者的青睐。

另外，网页具有多屏、分页、嵌套等特性，这都是传统媒体不具备的。在网页设计中，由于可以达到多变性的处理效果，丰富整个网页版式的形式美，所以合理利用网页特性设计版式对最终效果将起到至关重要的作用。

2. “不可控制”的效果和“DIY”的网页版式

印刷品设计者可以指定使用的纸张和油墨，而网页设计者却不能要求浏览者使用什么样的计算机和浏览器；而且网络正处于发展之中，不像印刷业具备了成熟的印刷标准。因此，可以说在网页设计过程中，每一件事都可能随时发生变化。

网络应用很难制订出统一的标准，这导致网页版式设计效果的不可控制性。例如，网页页面可能会根据当前浏览器窗口大小自动格式化输出；网页的浏览者可以控制网页页面在浏览器中的显示方式；不同种类、版本的浏览器观看同一个网页页面时，效果会有差异；用户的浏览器工作环境不同，显示效果也会不尽相同。

一般来讲，在 800 px×600 px 的屏幕显示模式及浏览器默认状态下，窗口内能看到的部分为 778px×435px；而在 1024px×768px 的屏幕显示模式下，窗口内能看到的部分为 778px×595px，这会造成网页显示的效果不同。正因为页面在用户端的最终显示效果不可完全被控制，所以任何网页作品都需要在互联网上接受不同地域的计算机终端的考验。

此外，网页版式甚至可以根据浏览者的喜好自主选择和改变，如现在有些网站就为浏览者提供了若干种排版风格方案，以供浏览者“DIY”（Do It Youself）。由于浮动层的运用可以出现无数种的版式效果，所以这种“把一部分版式编排的权力交给受众”的方式，可以使网页更符合他们的浏览习惯。这种方法极大地提高了网页版式设计的多变性和趣味性，并帮助网站培养了忠实的访问者。这一特点是传统媒体望尘莫及的，但这种效果运用需要在技术上加强对基本版式的控制，以保证网站风格的统一，否则就可能弄巧成拙（如图 5-75 所示为浮动层）。

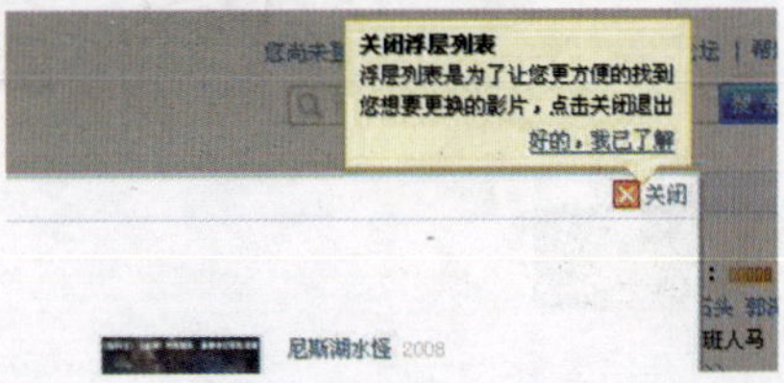

图 5-75　浮动层

3. 网络技术与艺术创意的紧密结合

毋庸置疑，网页制作的每一次进步都是由技术的革新带来的，而网页版式设计这种艺术则对技术有着深刻的依赖性，技术的更新正不断改变着它的本质。

（1）新技术的运用使得网页传播信息的表现力和感染力大大增强了。新技术是网页设计中主要的客观因素，而艺术创意是主要的主观因素。网页版式设计需要灵活运用各种网络技术规律，注重技术和艺术的紧密结合，从而最终实现艺术想象，满足浏览者对网页信息的高质量需求。例如，流技术在网页设计上的运用可使浏览者无须等待全部下载完成就可在下载过程中欣赏音乐或电影，从而使得实时的网上视频直播服务和在线欣赏音乐服务成为现实。

（2）新技术的发展促进了技术与艺术的紧密结合，不断扩展着网页的艺术表现力。网络技术与艺术创意的紧密结合，使网页版式设计由平面扩展到立体，由纯粹的视觉艺术扩展到空间视听艺术，使网页版式不再近似于报刊杂志等印刷媒体，而更接近于电影或电视的观赏效果。

5.5.2 网页版式设计的发展趋势

网络技术日新月异的发展给网页设计带来了新的表现天地。在网络世界里，技术始终起着先导作用，设计则随着它的发展而发展，技术更新对网页版式设计的影响无疑是巨大的。

1. 技术的更新将使网页版式设计不断增加新的设计元素

（1）表格布局将被 CSS 布局取代。表格布局是现在网页排版中普遍使用的方式，但是这种被广大设计者推崇的方法有些故有缺点。首先，用表格排版代码比较冗长，会增加页面的下载时间，对于一般左右分栏结构的网页而言，用表格排版比不用表格排版的文件要大一倍以上。其次，内容结构容易因使用表格而混乱，完整的内容会被表格分解，使阅读性能降低，不利于搜索引擎分析。另外，改版比较麻烦，要修改布局几乎必须改动全部代码，不利于网站更新。鉴于以上原因，今后不再使用表格布局将成为一种趋势。例如，通过采用 CSS 已可以实现很多布局，虽然目前还不能完全达到表格布局的水平，但是对网页进行版式设计时，在详细分析后合理利用，可以尽量避免使用冗余的表格，以达到数据简化效果。现在许多“博客”（blog）就是通过修改 CSS 定义来修改整个版式的。如图 5-76（韩寒的新浪博客）和图 5-77（李开复的网易博客）所示都是常见的博客类型。

（2）新型浏览器的出现将使网页设计更趋简约。浏览器发明的初期，网页还无法独立显示图像、声音、影像等要素，必须启动其他辅助软件才能实现，但技术的进步使得网页中逐渐加入了这些新内容。今后网页设计的范围将更加广泛，网页版式所涉及的元素将更复杂。随着技术的发展，出现在出版印刷、广播及电视等媒体上的表现形式都能在网页上得到表现。

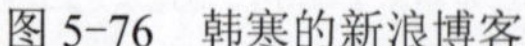
图 5-76 韩寒的新浪博客

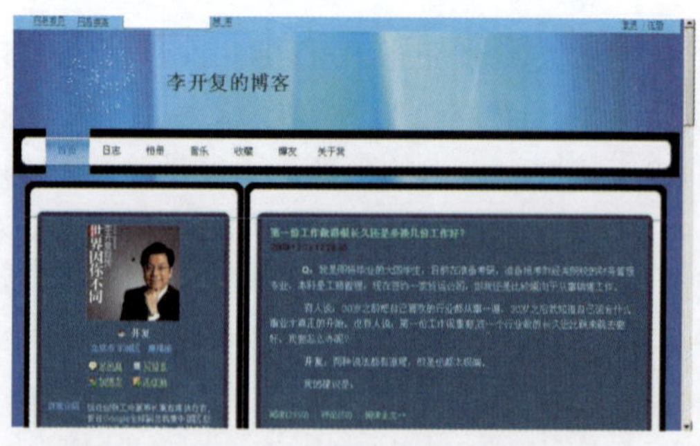

图 5-77 李开复的网易博客

由于不同公司推出的浏览器软件在显示效果和操作界面上不尽相同，从而造成阅读 HTML 语言后会显示出现一些偏差与变异。为了达到预想的网页效果、控制网页版式，设计者想了很多办法，如用本来用做表格的标记格式来控制页面的构图，用透明 GIF 图像来调整间距，用图像方法来进行文字设计等。人们相信，随着浏览器技术的日益进步，这些冗

杂的设计方式也将一去不复返，设计网页的技术也将更为简单易用，从而给予艺术表现更大的空间。

2．设计方式将遵循新的要求

网页像书籍一样有文字、有图片，像电视一样有动态影画、声音，几乎融合了所有媒体的特性。预计在今后，网络不仅会作为一个独立的媒体而成长，而且会成为联系各大媒体的重要工具，处处显示出极强的生命力。同时，经验的积累和新技术的运用也将促进网页版式设计方式遵循新的要求。

（1）更为注重色彩搭配。色彩是人的视觉最敏感的东西。因为显示器的 RGB 色彩比印刷品的 CMYK 色彩丰富，从而使得网页色彩具有非常宽阔的表现空间。可以说，色彩处理得好，不仅会锦上添花，甚至可以达到事半功倍的效果。版式色彩只要做到“总体协调，局部对比”（即主页的整体色彩效果和谐，局部有一些强烈色彩的对比）就能够达到较为理想的网页艺术表现效果。如图 5-78、图 5-79 所示为色彩鲜明的网页效果。

图 5-78　色彩鲜明的网页效果（一）

图 5-79　色彩鲜明的网页效果（二）

这种色彩设计风格目前多见于一些韩国网站。有时，在人们看来一些非常难看的颜色，只要搭配合理，也可以形成很另类或和谐的美感。这种具有独特色彩的网页给人的感觉是要么淡雅迷人，要么另类大胆。使人“眼前一亮”的网页配色风格的视觉冲击力很强，让人“过目不忘”，有在国内网页推广的趋势。

（2）巧妙运用 FLASH。由于网络带宽的不断增加，FLASH 在网页设计中的运用越来越广泛，由此可见技术的进步对网页版式改良的作用是巨大的。但使用较多的 FLASH 活跃版面，所造成页面容量的急剧增加还是会影响网页传输速度，甚至会被浏览器“拦截”。而现在，国内很多网站经常采用大幅的 FLASH 广告条，但是通常都是着眼于如何去表现 FLASH 动画酷、炫的感觉，往往使得浏览者过于关注 FLASH 而忽视了页面的其他内容。

怎么找到两全其美的办法呢？第一，可以采用精美的图片或者是手绘风格的矢量插图替代 FLASH，其容量相对小，和整个页面搭配起来不抢眼，也能很好地服务于网站的主题；第二，可以运用只是局部在动的不完全变化 FLASH，这样不仅会使文字和背景配合巧妙精致、与众不同，而且会使网页的容量也缩小，更利于传输（如图 5-80 所示为矢量插图）。

（3）注重页面层次和版式细节。网站的页面层次感是使网页变得“厚重”和“有看头”的法宝，未来的网页设计将更为重视这一点。层次感不仅可依靠立体字体现，还可以通过添加简单的图片或文字阴影效果和巧妙的利用构图来形成视觉上的差异。总之，应当在版式设计上不拘泥于传统形式，使网站具有一定的立体效果。如图 5-81 所示为层次丰富的网页。

图 5-80 矢量插图

图 5-81 层次丰富的网页

层次感还体现在细微部分的设计上，如果少了某些细节，网站也将逊色不少。例如，在文字编排上，文字的字号、字体、行距都是非常重要的细节。注重细节，会给版面注入更深的内涵与情趣，会使生动的设计元素每时每刻都活跃于排版设计中，使网页版面进入一个更新更高的境界，从而产生新的生命力。

（4）建立合理的"路标"。因为计算机屏幕是平面的，所以人们无法直观地了解网站信息的立体结构，这就好比从一本书的外观厚薄上，人们可以直接看出其信息量的多少，无论阅读到哪里也可以知道自己所在的方位，但在网络中没有合理的导航条做"路标"，浏览者就很容易迷失方向。因此，如何使用户更快地把握网站的立体结构，更快地了解网页上的内容，更快、更容易地找到需要的信息，这些都是网页版式中的导航设计应该考虑的问题。当然，这还有待于新技术的开发使用和设计者的不断摸索。

网页作为一种新的视觉表现形式，虽然它的发展时间并不长，却兼具了传统平面设计的特征和其所没有的优势。因此，今后它一定会成为信息交流的一个非常重要的途径。网页设计是一种综合性的设计，它所涉及的范围非常广泛。好的网页设计不仅要考虑其内容上的精益求精，还要对内容进行合理有效的视觉编排。网络本身就是一个处理信息的巨型平台，设计者必须充分认识网络，了解网络的特征，才能使设计的作品更加适合于网络上的传播。

思考题

1. 网页中的版式设计应该注意什么问题？
2. 临摹如图 5-82～图 5-84 所示的网页 LOGO。

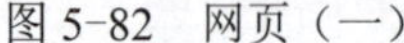

图 5-82 网页（一）

图 5-83 网页（二）

图 5-84 网页（三）

3．分析如图 5-85～图 5-87 所示的网页的版式设计，并进行临摹（注：临摹时侧重于页面整体版式布局及导航栏的设计）。

图 5-85　网页（四）

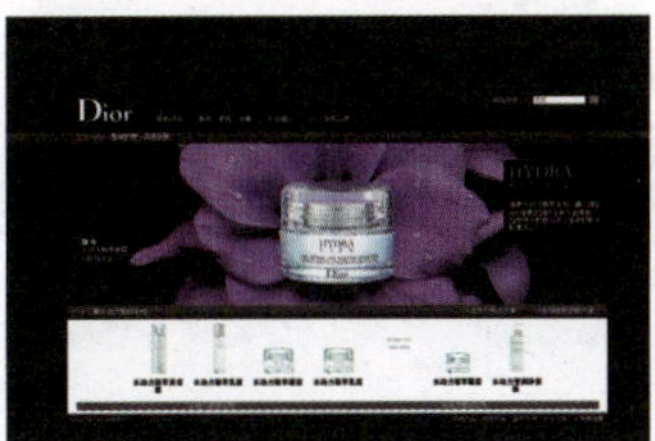

图 5-86　网页（五）

图 5-87　网页（六）

第6章

网络动画

动画是一种动态的视觉上的表达形式和结构，并随时间推移而变化。动画十分普遍，用途却不尽相同。人们在计算机上，尤其是网页上和在线广告中常常可以看到它。

一些设计者常使用动画来传递信息，并认为在有限的计算机屏幕上动画比文本有用得多，但是人们对于动画产生的效果却应该小心、谨慎地对待。例如，很多浏览者在多数情况下认为网页上的动画是令人讨厌的。他们在浏览网页时常常会被网页上的动画所干扰，或者被分散了注意力，特别是当动画不能给浏览者正在进行的工作带来任何信息的时候。这种动画被认为是对浏览者的“非主要信息刺激”或者“辅助刺激”。换句话说，它们不能给浏览者正在进行的查找数据任务或者当前所需要的信息带来任何有价值的信息。这类“非主要信息刺激”动画会引起视觉上的干扰，而这种干扰会影响浏览者搜寻信息的能力。例如，无关紧要的动画经常出现或者突然出现，往往会分散浏览者在有用信息上的注意力。因此，当人们在网页上搜寻有用信息时，常常因受到这些动画的干扰而使正确获得所需信息的时间变长，这十分令人讨厌。如图6-1所示为浮动广告。

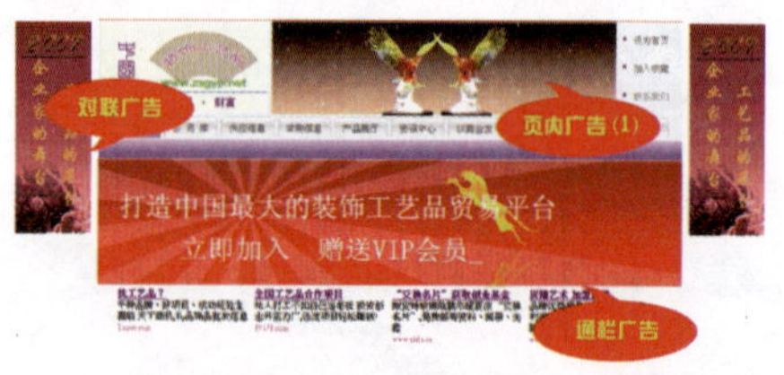

图6-1 浮动广告

虽然有一些视觉关注理论可以解释这种视觉干扰现象，但是能否把它们直接用于像网页这样的计算环境的搜寻信息任务中，人们还不太清楚。第一个原因，也是最主要的原因，就是在传统的视觉注意力研究中，刺激物的暴露时间（通常为几毫秒）远远短于网页上的刺激物的暴露时间（几秒或者几分钟），并且一个人的视觉行为在这段相对较长的暴露时间中可能会改变。第二个原因是传统的视觉注意力的实验环境或者试验设置也和诸如网页那样的计算机环境不同。为了展现刺激和捕获反应，人们常常在视觉注意力研究中采用各种专业的设备类型。时至今日，仅有少数经验主义的研究报道了在网页环境上的动画效果。因此，视觉注意力研究的适用性必须要在网页环境进行测试。

由此可以得出以下结论。

（1）辅助刺激性的动画恶化了浏览者搜寻信息的表现。

（2）当任务的困难程度增加时，动画对浏览者搜寻信息的表现的影响较小。

（3）那些和任务相似但是不相关的动画对浏览者产生的负面作用要多于那些与任务不相似的动画。

（4）色彩明亮的动画对浏览者产生的负面影响要大于色彩暗淡的动画。

视觉注意力和视觉感知的研究结果，可以对干扰现象提供一个似是而非的解释。研究表明，通常情况下，在人们视觉范围内的物体都能够吸引人们的注意力。由于注意力是有限的，所以当用在相关信息上的注意力减少时，处理这些信息的能力（包括处理时间、精确性）就下降了。又因为人们注意刺激物的能力是有限的，所以注意力的方向决定了人们感知、记忆，以及对信息进行反应的能力的好坏程度。没有受到关注的物体或者信息常常落在人们的意识之外，因此，它们对人们的表现影响不大。

对于感知注意力（Perceptual Attention）的研究，主要集中在两个主题上：选择性（有意识的感知常常是有选择性的）和能力限制（人们同时执行多种脑力操作的能力是有限的），不过也有对其他主题的研究。

特别地，为了理解注意力的不同方面，人们已开始从选择注意力和发散注意力两个范畴上来研究注意力。

（1）选择注意力（Selective Attention）也称聚焦注意力，指的是人们聚焦某一特定信息源并忽略其他信息源的能力。通常情况下，选择的标准常常是一个简单的物理属性，如位置或者颜色等。

（2）研究发散注意力（Divided Attention）时，至少需要两个刺激物，人必须对这些刺激物产生注意并有所反应。对发散注意力的研究告诉人们把注意力发散开来处理多个任务的能力是有限的，同时也告诉了人们关于注意力机制和能力方面的知识。

6.1 网络动画的分类

6.1.1 FLASH 动画

FLASH 动画是近几年出现的一种新的事物，是由美国的 MACROMEDIA 公司推出的一款多媒体动画制作软件。它是一种交互式动画设计工具，可以将音乐、声效、动画方便地融合在一起，以制作出高品质的动态效果（或者说动画）。如图 6-2 所示为 FLASH 软件的界面，如图 6-3 所示为 FLASH 软件的时间轴。

图 6-2 FLASH 软件的界面

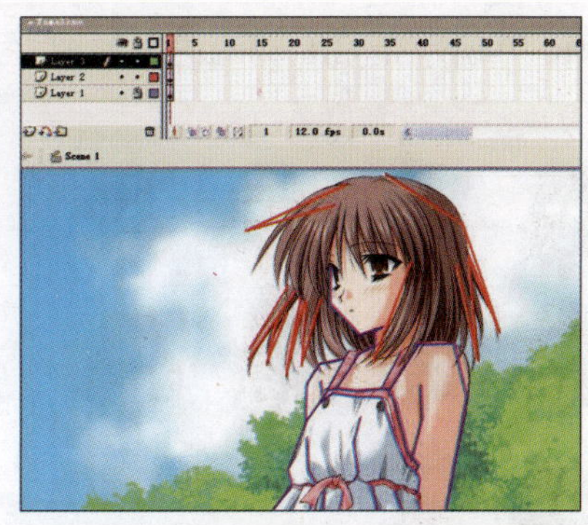

图 6-3 FLASH 软件的时间轴

FLASH 动画有别于以前人们常用于网络的 GIF 动画，它采用的是矢量绘图技术。矢量图就是可以无限放大而图像质量不损失的一种格式的图。由于动画是由矢量图构成的，所以大大节省了动画文件的大小，从而在网络带宽局限的情况下提升了网络传输的效率。它还可以方便下载观看，一个几分钟长度的 FLASH 动画片也许只有 1MB 或 2MB 大小。因此，FLASH 一经推出，就风靡了网络世界。如图 6-4～图 6-5 所示就是利用 FLASH 的洋葱皮工具看到的分解效果。

FLASH 强调交互，就是让观众在一定程度上参与动画的进行。举个简单例子：当动画进行到某个地方时，观众可以选择动画是否接着往下进行。

FLASH 虽然有着较强的程序功能（Action Script），但是大多数人认识 FLASH 还是因为它制作的 FLASH 动画，在这里探讨的也是这一方面。总而言之，FLASH 的程序功能还是为动画效果服务的。

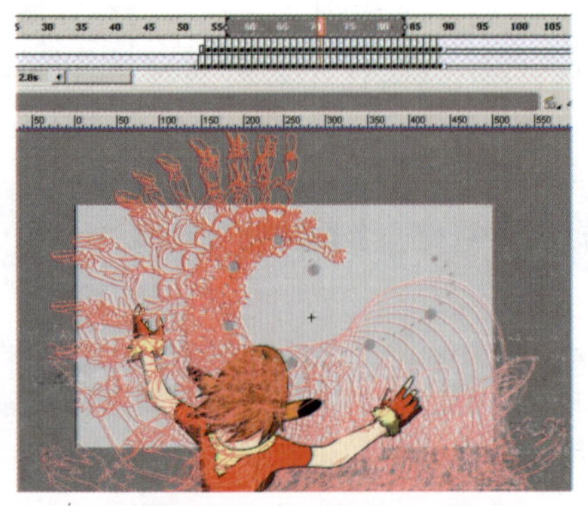

图 6-4 利用洋葱皮工具看到的分解效果（一）

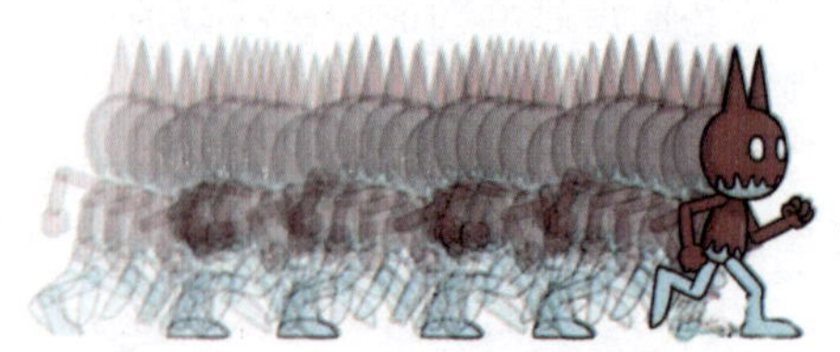

图 6-5 利用洋葱皮工具看到的分解效果（二）

6.1.2 GIF 动画

1. GIF（图形交换格式）

GIF 图片是以 8 位颜色或 256 色存储单个光栅图像数据或多个光栅图像数据的。GIF 图片支持透明度、压缩、交错和多图像图片（动画 GIF）。GIF 的透明度不是 Alpha 通道透明度，不能支持半透明效果。GIF 的压缩是 LZW 压缩，其压缩比大概为 3∶1。如图 6-6～图 6-10 所示是 GIF 动画的分解图。

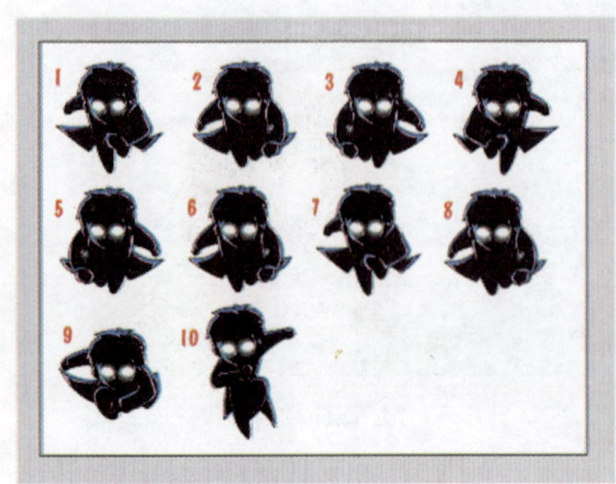

图 6-6 GIF 动画的分解图（一）

图 6-7 GIF 动画的分解图（二）

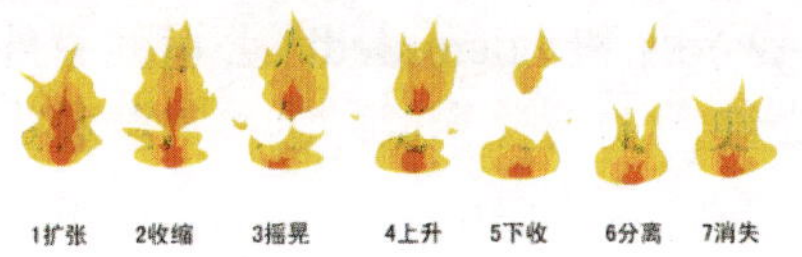

说明：
帧频24 每幅2帧

图 6-8 GIF 动画的分解图（三）

图 6-9 GIF 动画的分解图（四）

GIF 动画的优点及缺点如下所示。

优点：GIF 广泛支持 Internet 标准，支持无损耗压缩和透明度；GIF 动画很流行，且易于使用许多 GIF 动画程序来创建。

缺点：GIF 只支持 256 色调色板，因此，详细的图片和写实摄影图像会丢失颜色信息，但它们看起来却好像是经过调色的；在大多数情况下，其无损耗压缩效果不如 JPEG 格式或 PNG 格式；GIF 支持有限的透明度，没有半透明效果或褪色效果（如 Alpha 通道透明度提供的效果）。

2. 制作 GIF 动画

在 Windows 平台上，制作 GIF 动画有许多工具，其中著名的有 Adobe 公司的 ImageReady、友立公司的 GIF Animator 等。在 Linux 平台上，人们同样可以轻松地制作动感十足的 GIF 动画。Linux 中的 GIMP 就是一个与 GIF Animator 或者 ImageReady 一样简单易用，并且功能强大的 GIF 动画制作工具。它不仅完全可以胜任 GIF 动画制作，而且可以充分利用 GIMP 强大的图像处理功能，使 GIF 动画更具感染力和吸引力。如图 6-10 所示为按钮动画的分解。

图 6-10 按钮动画的分解

GIF Animator 是一种专门的动画制作程序，利用它可以很轻松、方便地制作出自己需要的动画。其最新版本又添加了不少可以即时套用的特效及优化 GIF 动画图片的选项，最令人惊喜的是目前常见的图像格式均能够被顺利地导入，并能够存成时下最流行的 FLASH 文件。另外，Gif Animator 还有很多经典的动画效果滤镜，只要输入一张图片，GIF Animator 即可自动套用动画模式将其分解成数张图片，并制作出动画来。

ImageReady 是基于图层来建立 GIF 动画的，它能自动划分动画中的元素，并能将 Photoshop 中的图像用于动画帧。它具有非常强大的 Web 图像处理能力，可以创作富有动感的 GIF 动画、有趣的动态按键，甚至漂亮的网页。因此，ImageReady 完全有能力独立完成从制图到动画的过程，它与 Photoshop 的紧密结合更能显示出它的优势来。

Fireworks 有强大的矢量图制作能力，通过动画符号（symbol）在不同影格的不同设置可造成人们视觉上的变化。影像随着影格播放就形成了动画。Fireworks 可以将创建的任何对象或导入的对象当做动画符号，每一个符号都有自己独立的属性，因此可以针对不同的对象创建不同的动画形式，如移动、淡入、淡出等。因为该软件制作动画的随意性和技巧性比较强，所以你的动画制作过程可以更加自由、富有创意。

ImageReady 和 PS 的结合的成效是有目共睹的，这个强大后盾确实让 ImageReady 增色不少。

Fireworks 对专业程度的要求更高，且设计者的灵感可以得到更好的发挥。因此使用这个软件创作 GIF 动画会取得更好的效果。同时，Fireworks 和 MicroMedia 公司的另外两个网页设计软件 DW 和 FLASH 的紧密结合也有很大的优势。

6.1.3 三维动画

三维动画又称 3D 动画，是近年来随着计算机软、硬件技术的发展而产生的一门新兴技术。设计师利用三维动画软件在计算机中首先建立一个虚拟的世界，然后在这个虚拟的三维世界中按照要表现的对象的形状尺寸建立模型及场景，再根据要求设定模型的运动轨迹、虚拟摄影机的运动和其他动画参数，最后按要求为模型赋上特定的材质，并打上灯光。当这一切完成后就可以让计算机自动运算，生成最后的画面了。如图 6-11 所示为三维动画的人物形象，如图 6-12 所示为三维动画的人物建模，如图 6-13 所示为三维动画的场景建模，如图 6-14 所示为三维动画的渲染效果。

图 6-11　三维动画的人物形象

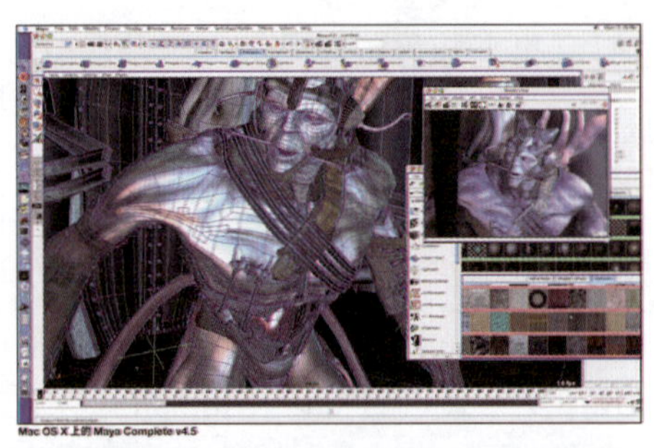

图 6-12　三维动画的人物建模

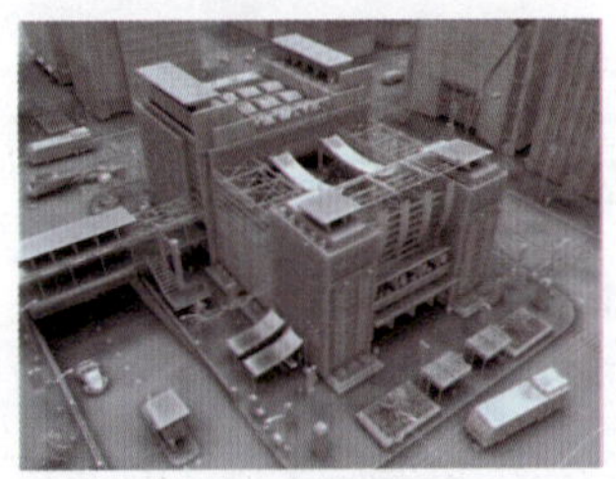

图 6-13　三维动画的场景建模

图 6-14　三维动画的渲染效果

三维动画技术模拟真实物体的方式使其成为一个有用的工具。由于其精确性、真实性和无限的可操作性，目前被广泛应用于医学、教育、军事、娱乐等诸多领域。在影视广告制作方面，这项新技术能够给人耳目一新的感觉，因此它受到了众多客户的欢迎。三维动画可以用于广告和电影电视剧的特效制作（如爆炸、烟雾、下雨、光效等）、特技（撞车、变形、虚幻场景或角色等）、广告产品展示、片头飞字等。

三维动画和三维 FLASH 的共同点和差异为：三维 FLASH 是利用计算机图形学技术，将需要展示的产品在计算机中先进行逼真的三维模拟运行演示，然后再通过专业软件压缩转换成一个完全适合在网页上流畅运行的 FLASH 文件。它不是视频，可设置功能按钮，单击各个按钮可对产品操作不同的功能演示，且三维 FLASH 在网页上运行很流畅，浏览者无须下载插件，打开网页即可看到产品演示；而一般三维动画是以视频文件通过播放器观看的，无操控功能。它也不是 Web3d（3D 网页），因为 Web3d 必须下载插件，浏览者等待的时间很长。

6.2 网络动画的制作

6.2.1 常用软件

制作动画的软件包括以下几种。

（1）Maya，Softimage 3Dmax，LIGHTWAVE Alias：三维动画制作软件。

（2）Animator，ANIMO，TOONZ，RETAS PRO：商业二维动画制作软件。

（3）TOOB BOOM STUDIO，HARMONY，SOLO，FLASH：网页二维动画制作软件。

网络中常见的 FLASH 动画是用 FLASH 制作的，一些 banner 是由 FLASH 或者 ImageReady 制作的。当然，用三维软件制作的动画也可以通过插件转为二维动画。

6.2.2 传输速度

网络传输速度是相对固定的，在此前提下，网站的文件量越小，传输的信息速度就越快，因此人们要尽可能地对网站进行优化。网站优化也叫SEO，是 Search Engine Optimization 英文的缩写，是一种利用长期总结出的搜索引擎收录和排名规则，对网站进行程序、内容、版块、布局等的调整，使网站更容易被搜索引擎收录，在搜索引擎中相关关键词的排名中占据有利的位置的有效方法。在国外，SEO 已经是比较成熟的行业；而在国内，它尚处于起步和发展阶段。

网站优化可以从狭义和广义两个方面来说明。狭义的网站优化即搜索引擎优化，也就是给网站设计出适合搜索引擎检索，满足搜索引擎排名的指标，从而在搜索引擎检索中获得排名靠前，增强搜索引擎营销的效果。广义的网站优化所考虑的因素不仅是搜索引擎，也包括充分满足用户的需求特征、清晰的网站导航、完善的在线帮助等，在此基础上可使网站功能和信息发挥出应有的效果。也就是说，广义的网络优化意在以企业网站为基础，与网络服务商（如搜索引擎等）、合作伙伴、顾客、供应商、销售商等网络营销环境中各方面因素建立良好的关系。

在网站设计中，网站的优化是较为重要的一个环节。它的成功与否会影响页面的浏览速度和页面的适应性，以及观者对网站的印象。

在资讯类网站中，文字是页面中最大的构成元素，因此字体的优化显得尤为重要。使用 CSS 样式表指定文字的样式是必要的。通常人们将字体指定为宋体，将其大小指定为 12px，其颜色要视背景色而定，原则上以能看清且与整个页面搭配和谐为准。在白色的背景上，人们一般使用黑色，这样不易产生视觉疲劳，能保证浏览者较长时间地浏览网页。

图片是网页中的重要元素。图片的优化可以在保证浏览质量的前提下将其大小降至最低，这样可以成倍地提高网页的下载速度。利用 Photoshop 6 或 Fireworks 4 可以将图片切成小块，分别进行优化。输出的格式可以为 GIF 或 JPEG（要视具体情况而定）。一般人们把具有较为复杂颜色变化的小块优化为 JPEG，而把那种只有单纯色块的卡通画式的小块优化为 GIF，这是由这两种格式的特点决定的。如图 6-15 所示就是图片优化界面。

表格（table）是页面中的重要元素，是页面排版的主要手段。人们可以设定表格的宽度、高度、边框、背景色、对齐方式等参数。很多时候，人们将表格的边框设为 0，以此来定位页面中的元素，或者借此确定页面中各元素的相对位置。人们知道浏览器在读取网页

html 原代码时，是读完整个表格才将它显示出来的。如果一个大表格中含有多个子表格，必须等大表格读完，才能将子表格一起显示出来（人们在访问一些站点时，等待多时无结果，按“停止”按钮却一下显示出页面就是这个原因）。因此，在设计页面表格时，应该尽量避免将所有元素嵌套在一个表格里，而且表格嵌套层次尽量要少。在使用 Dreamweaver 制作网页时，会自动在每一个单元格内添加一个空字符“ ”。如果单元格内没有填充其他元素，这个空字符会保留，在指定 td 的宽度或高度后，可以在源代码内将其删去。

图 6-15　图片优化界面

网页的适应性是很重要的，在不同的系统上，不同的分辨率下，不同的浏览器上，人们将会看到不同的结果，因此设计时要统筹考虑。一般应在 800px×600px 下制作网页，最佳浏览效果也存在于 800px×600px 分辨率下。在其他不同分辨率情况下只要保证网页视觉效果基本一致，不出现较大问题即可。

通俗来讲，网站优化分为两个部分：一是站内优化，二是站外优化。站内优化就是指通过 SEO 手段使得网站的搜索引擎友好度和站内用户的良好体验度上升。这样做还可以使网站在搜索引擎中的排名靠前并且得到很好的客户转换率。

6.2.3 风格统一

统一，是指设计作品的整体性、一致性。设计作品的整体效果是至关重要的，在设计中切勿使各组成部分孤立分散，那样会使画面呈现出一种枝蔓纷杂的凌乱效果。

其实，风格统一这个要求和传统的印刷出版物对书的内容的要求没什么区别。网页上所有的图像、文字（包括背景颜色、区分线、字体、标题、注脚）都要统一风格，以贯穿全站，这样会使读者看起来舒服、顺畅，会使他们对网站留下一个“很专业”的印象。如图 6-16～图 6-18 所示为整体风格统一的网站效果。

图 6-16　整体风格统一的网站效果（一）

图 6-17　整体风格统一的网站效果（二）

图 6-18　整体风格统一的网站效果（三）

举个简单例子：如果在列举一、二、三、四若干条的情况下，在每条前面用黑圆点加强视觉效果，那么其他类似地方也应该采用以保持同样的风格。对于色彩斑斓的站点，尤其要注意虽然其风格的颜色可以变，不过字体、主体文本对齐风格、标题、背景效果及特殊图像效果等都应保持统一。很多缺乏编辑、出版背景的设计者很容易忽视这一点，特别是当网页很多时，更容易忽略这一原则。

不少网站都问过“如何保证网站风格统一”的问题，特别是有多条产品线的网站。没错，保持风格统一确实是网站的一个大问题，不仅是视觉、文字的表面统一，还包括页面架构及交互流程、交互方式的统一。只有统一的网站才能给用户更好的统一体验。几乎每个小型网站在向中型网站的转化过程中都会遇到这样的问题。

在以往的软件项目中，一般解决这个问题的方法是由专人来管理和总结统一的“设计规范”。但在网站项目上，这样做似乎并不适用，原因如下所示。

（1）网站的更新频率过高，规范的维护成本增加、实用性降低。

（2）一般的网站开发团队都很难拿出时间来请人员去专门运作这个事情。更重要的是就算有了详细而系统的规范，但应用起来的执行成本也是非常高的。这对于大多数互联网公司来说也是不实际的。

在一般情况下，建议首先让团队内部采用“交叉”的协作方式，通过所有人相互“交流”来保证整体的大致统一。然后再通过个别人的“把关”来弥补文字和视觉上的统一。

1．保证产品设计部门的部门完整

尽量不要把人员从“组织原则”上拆分到各个不同的产品或者项目组。拆分设计部门是很危险的事情，就算在一个很和谐的公司，不同部门之间的设计师都很难做到保持沟通和行为统一。因此这样做势必造成不统一的后果。

2．充分贯彻“延续设计”的思想

做一个设计之前，应首先想想“之前的网站有什么地方的设计和这个类似，可以直接延续哪个布局规则和交互方式？”如果没有，再重新思考新的布局规则和交互方式。在进行新的设计之前依然需要想一下“现在这种新方式可以延续在以后什么样的类似设计上？”

3．尽量保证固定的设计师“主导”同一个产品的升级和调整

在设计部门内部安排好什么设计师主要负责什么项目，不要等任务来了看谁有时间就安排谁负责。每个设计师都有自己的风格，经常换不同的设计师设计同一个产品，设计风格势必很难得到统一。由一个设计师设计的产品，可以在思想和想法上保持一致。

4．让每个设计师都参与到多个产品中，项目和人员交叉进行

让每个设计师根据自身能力“主导”一个或者两个产品，但同时“参与”到多个产品中，即一个产品由一个设计师一直“主导”设计，但由多个设计师同时参与（哪怕是很简单的参与）。

例如，甲主导 A 产品，同时参与 B、C 产品；乙主导 B 产品，同时参与 A、C 产品……这样甲在参与乙主导的 B 产品时，既可以提供一些必要的讨论和建议，也可以告诉

乙“我在做 A 产品时，一个类似的地方是怎么怎么处理的”，同样甲自己在做 A 产品时也可以联想到“乙在做 B 产品时，一个类似的地方是怎么怎么处理的”……这样，不同产品之间的一些风格延续就可以通过设计师的日常工作自然而然地做到了。

5．视觉风格的统一由设计小组的“组长”把握

每一个风格的设计都需要“把关”，慢慢形成统一。视觉设计的统一往往很难，特别是当多个设计师都有各自的“设计风格”时，因此，应由设计小组的组长来把握视觉风格的统一。

6．文字的风格由专人把关，并慢慢形成规范

当然，到了一定程度时，必要的规范还是需要的。但建议把握尺度，逐步完善，保持更新。更重要的是确保“执行”。

6.3 网络动画的指导方针

前面已经提到，研究结果表明人们必须小心地设计网页动画，以免对浏览者产生负面影响。以下列出设计网页动画的十个原则。

1．不要干扰在重要信息上的注意力

注意浏览者往往会被动画的某一基本特征吸引，会聚焦于动画的相关方面。创建一个简单、整洁的动画可以直接将其所包含的信息投射到可视化元素上，从而方便浏览者从动画显示中选择本质的信息。但动画形式本身是非重要的信息刺激，往往会带来视觉干扰，影响浏览者的信息搜索绩效（performance）。

因此，设计原则之一是不能干扰人对重要信息的关注，而应该提供相应的、积极的、有帮助的信息。也就是说，动画应该可以有效地吸引人的注意力，并引导人的注意焦点和感觉。人们期望动画应该像路标一样，既吸引人了的注意力，又强化了有关联的信息。

2．避免混乱

人的信息处理系统中具有足够的视觉加工能力，但该能力是有限的。静态和动态对象的多种表征会在人的视野中相互竞争视觉加工的资源，从而导致混乱。人们的注意力也是有限的，注意的方向决定了人们对信息感觉、记忆和反应的质量。不被注意的物体或信息往往也不被人意识，其影响甚微。但当浏览者面对一个混乱的显示局面时，可能会试图忽略存在其感觉域内的一些元素，这样就恶化了信息的传递。从积极的角度来说，这个设计原则就是创建简短整洁的动画，避免混乱。

3．设定合适的持续时间

人眼需要一定时间来处理变化，过于快速显示的物体会简单地将人的注意分配给以前的图像和当前的图像。物体快速显示蒙蔽了大脑，使其相信以前和当前的图像必须立即加工。同样的道理，如果显示时间过长，长于人实际需要的时间，多余的时间很有可能导致人

视觉疲劳，从而削弱了观看者的集中度和理解力。

精确地给定合适的持续时间是很难的，因为它很大程度上依赖环境和不同动画的内容。然而信息的显示时间从总体上来说，过多好于过少。

4．管理布局和组织显示对象

这方面的原则与格式塔理论（Gestalt theory）有关。根据格式塔理论的就近性原则，相关的项目应该比非相关项目靠得更近。

根据这一定律，当一些项目被紧密放置在一起时，组中的各个项目的感知会被更准确地回忆。简单来说，相似的项目更可能形成组。对于动态项目，同时移动的项目可能被浏览者感知为一组。此外，信息还应该以优先的形式组织起来。较为重要的对象应该出现在观者感知起来较为重要的位置上。

5．遵守颜色的惯例

颜色不仅有修饰的作用，明智地选择颜色还可以帮助动画设计者在传递信息的同时移除模糊性。

某些组织设定了关于颜色意义的标准，如职业安全与保障管理总署（www.osha.gov）的标准是：红色代表危险；橙色代表警告；黄色代表提醒；蓝色代表通知；绿色表示安全。也有一些其他的使用惯例：红色代表热；绿色代表自然；黑色代表死亡。动画设计者应该注意人们对于颜色概念化的影响。颜色应该主要用来适当地区分对象或对象的某些方面。颜色上的不适当的差异往往会干扰和误导浏览者。使用的颜色应该为一个传递特殊的动画概念提供额外的信息。

相比于着色暗淡的动画而言，着色明亮的动画对浏览者的绩效有更强的负面影响。

6．使用文本和听觉信息来辅助动画

不同浏览者对动画会有不同的理解，因此单独地呈现动画会带来含义不确定的风险。使用文本、声音，或者在有条件的情况下使用叙述可以明确动画的含义。

虽然文本也可能不太明确，但当它与动画相联系时不确定的概率就减少了。当浏览者对动画的理解出现偏差时，作为支持的文本可减少其不明确性。

声音也许是被人忽视的方法，在动画中经常如此。颜色和声音应该用于突显存在的对象及他们的动作（如将一个声音链接到一个动作上）或提供额外的支持。声音可以帮助区分动画中的不同动作或者提供基于一个特殊结果的反馈。

叙述在教育类动画中往往备受青睐，其背后的原因是叙述可帮助人们有效地学习。叙述必须与相应的动画同时呈现，否则将大大减少学习和回忆的效果。另外，应该避免和叙述不相关的动画。假设给定一个动画的内容，应该使用更进一步的非图片交流的方式来支持其含义。换句话说，动画内容应该决定动画的形式特征。

7．关注对符号学、语义学的探究

符号学（Semiotics）“涉及意义及信息的所有形式和其所处的各种环境”，而“语义学的主旨是以一个符号的传递方式交换信息”。掌握这两个原则可以使有潜质的动画设计者决定如何通过可视化的信息线索创造和传递动画的含义。动画设计者需注意设计合适的信息提取

层次，否则当动画包含过于细节的对象和动作时会造成信息过载。

8．遵从合作原则

合作原则是指在一般的对话中，参与交互的双方采取合作的方法来促进理解。交互过程涉及四个准则：质量、数量、关系和方式。针对动画而言，有如下准则。

（1）质量：动画设计者所传递和描绘的内容必须是正确的。

（2）数量：表达的内容需充足，足以传递所需信息。同时应避免过量的动态。

（3）关系：动画的播放和组织需遵守有意义的顺序。

（4）方式：清晰、自然地表达动画，避免含义概念广泛、晦涩、不明确、无序。

合理应用这些准则将会有力地促进理解和成功的交互过程。

9．向迪斯尼学习

很多传统动画的特点来源于 1930 年的沃尔特迪斯尼工作室，他们强调如何使动画更真实和有娱乐性。很多基于此目的提出的设计技巧作为加强或最佳化网页动画的方法也是十分有用的。以下是一些主要的技巧。

（1）挤压和伸展：通过在动作中扭曲设计对象的形状来定义其硬度和质地。

（2）定时和运动：用空间动作来刻画对象的质量和体积，以及个性化特征。

（3）预期：准备一个动作。

（4）阶段化：阶段化地表达一个概念，使其表达清晰。

（5）贯穿整体的或重叠的运动：终结一个动作，同时建立和它相关的另一个动作。

（6）直线向前运动和一个姿态到另一个姿态的运动：使用这两种相对的方法来创建运动。

（7）慢进慢出：在帧内或帧与帧之间缓慢地进出，以达到速度和移动上的精准。

（8）弧线形：设计自然的动作路径。

（9）夸张：通过设计和动作着重强调一个概念的主旨。

（10）二级动作：考虑对象一个动作之后紧接着的那个动作。

（11）吸引：创建一个观众喜爱看的设计或动作。

迪斯尼的经验是为了保证动画强烈的真实感，这将大大减少不确定性。同时，它能够尽量去除潜在的不真实的行为特征，传递更加明显的信息。

10．避免“设计近视”

当动画为了传达特殊的信息而制作出时，通常会有“设计近视”的风险。有些“目光短浅”的设计者往往会出现这个问题。一般来说，设计者的系统观点是被他们所熟悉的目标和对象影响的，这些熟悉的事物也就成为他们设计的灵感。从设计者自己的角度来看，他们的作品似乎是合适的、理想的，但对一个新浏览者而言，这些系统可能非常模糊和晦涩。这就是“设计近视”。

思考题

1．结合本章所学内容，试用相关软件，给如图 6-19 与图 6-20 所示的网页增加动画效果。

图 6-19 网页（一）

（提示：添加飞舞的蝴蝶环绕文字，右下角的人物原地旋转）

图 6-20 网页（二）

（提示：中间的分栏区域可滚动翻转，单击它时会放大）

2．设计制作一段表现自然界中“日出日落”的 FLASH 动画，要求出现光照色调的变化，并尝试加入一段音乐。

3．制作 GIF 动画一组，表现出人在奔跑的状态，力求做到动作流畅，速率均匀。

第 7 章

网络形象设计与广告传媒

7.1 视觉识别系统

VI（Visual Identity）通常译为视觉识别，是指 CIS 系统中最具传播力和感染力的层面，如图 7-1 与图 7-2 所示。

图 7-1 VI 设计

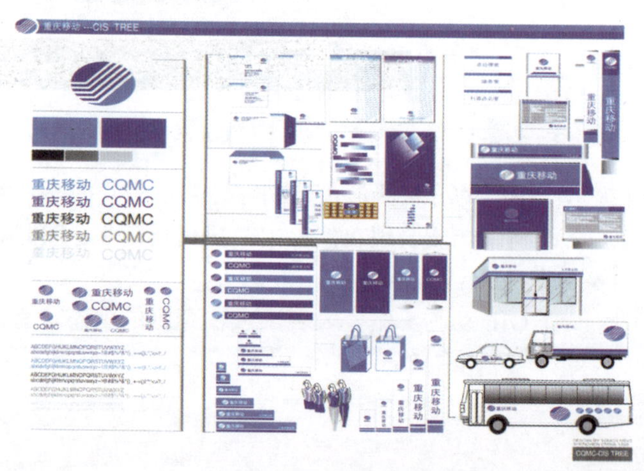

图 7-2 VI 树展示效果

在人们所感知的外部信息中，有 83%的信息是通过视觉通道到达人们心智的。也就是说，视觉是人们接受外部信息的最重要和最主要的通道。企业形象的视觉识别，即是将 CI 的非可视内容转化为静态的视觉识别符号，以无比丰富的多样的应用形式，在最为广泛的层面上进行最直接的传播。

设计科学、实施有利的视觉识别，是传播企业经营理念、建立企业知名度、塑造企业形象的快速便捷之途。

7.1.1 VI 应用要素系统的设计类别

VI 应用要素系统的设计类别有如下几种。

1. 待客用项目类

该类包括洽谈会、会客厅、会议厅家具、烟灰缸、坐垫、招待餐饮具、客户用文具。

2. 商品及包装类

该类包括商品包装设计、包装纸、包装箱、包装盒、各种包装用的徽章、封套、封缄、粘贴商标、胶带、标签等。

3. 符号类

该类包括公司名称招牌、建筑物外观、招牌、室外照明、霓虹灯、出入口指示、橱窗展示、活动式招牌、路标、纪念性建筑、各种标示牌、经销商用各类业务招牌、标示。

4. 账票类

该类包括订单、货单、账单、委托单、各类账单、申请表、通知书、确认信、契约书、支票、收据等。

5. 文具类

该类包括专用信笺、便条、信封、文件纸、文件袋、介绍信等。

6. 服装类

该类包括男女职工工作服、制服、工作帽、领带、领结、手帕、领带别针、伞、手提袋等。

7. 出版印刷类

该类包括股票、年度报告书、公司一览表、调查报告、自办报刊、公司简历、概况、奖状等。

8. 大众传播类

该类包括报纸广告、杂志广告、电视广告、广播广告、邮寄广告等。

9. SP 类

该类包括产品说明书、广告传播单、展示会布置、公关杂志、促销宣传物、视听资料、季节问候卡、明信片、各种 POP 类。

10. 交通类

该类包括业务用车、宣传广告用车、货车、员工通勤车等的外观识别。

11. 证件类

该类包括徽章、臂章、名片、识别证、公司旗帜。

7.1.2 VI 设计的基本原则

VI 的设计不是机械的符号操作，而是以 MI（企业理念）为内涵的生动表述。因此，VI

设计应多角度、全方位地反映企业的经营理念。同时 VI 设计不是设计人员的异想天开，而是要求具有较强的可实施性。如果在实施性上过于麻烦，或因成本昂贵而影响实施，再优秀的 VI 也会由于难以落实而成为空中楼阁、纸上谈兵。

1．遵循的基本原则

（1）风格的统一性原则。

（2）强化视觉冲击的原则。

（3）强调人性化的原则。

（4）增强民族个性与尊重民族风俗的原则。

（5）可实施性原则。

（6）符合审美规律的原则。

（7）严格管理的原则。

VI 系统千头万绪，因此，在长期的实施过程中，要充分注意避免各实施部门或人员的随意性，要严格按照 VI 手册的规定执行，保证不走样。如图 7-3～图 7-6 所示为七匹狼服饰 VI 手册的部分内容。

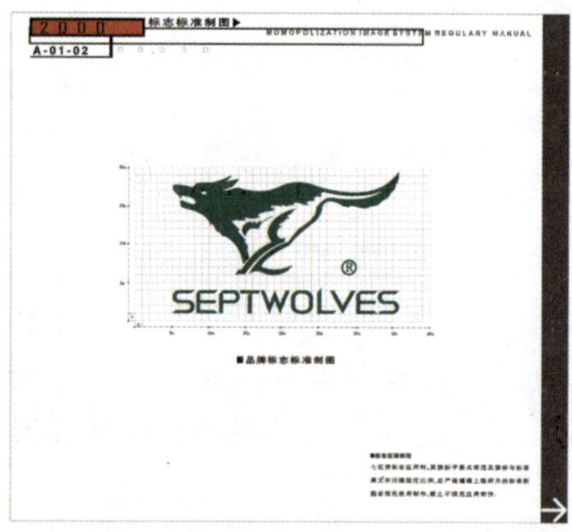

图 7-3　七匹狼服饰 VI 手册的部分内容（一）

图 7-4　七匹狼服饰 VI 手册的部分内容（二）

图 7-5　七匹狼服饰 VI 手册的部分内容（三）

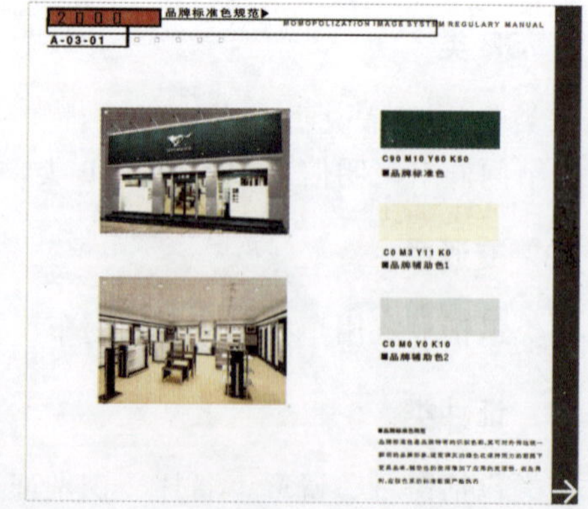

图 7-6　七匹狼服饰 VI 手册的部分内容（四）

2．VI 设计的基本程序

VI 的设计程序可大致分为以下四个阶段。

（1）准备阶段。

（2）成立 VI 设计小组。

（3）理解消化 MI，确定贯穿 VI 的基本形式。

（4）搜集相关资讯，以利比较。

VI 设计的准备工作要从成立专门的工作小组开始，这一小组应由各具所长的人士组成。人数不在于多，而在于精干，重实效。一般来说，应由企业的高层主要负责人担任组长。因为该人士比一般的管理人士和设计人员对企业自身情况的了解更为透彻，宏观把握能力更强。其他成员主要是各专门行业的人士，应以美工人员为主体，以行销人员、市场调研人员为辅。如果条件许可，还可邀请美学、心理学等学科的专业人士参与部分设计工作。

VI 设计小组成立后，首先要充分理解、消化企业的经营理念，把 MI 的精神吃透，并寻找与 VI 的结合点。这一工作有赖于 VI 设计人员与企业间的充分沟通。

在各项准备工作就绪之后，VI 设计小组即可进入具体的设计阶段。这些设计阶段包括以下几个。

（1）反馈修正阶段。

（2）调研与修正反馈。

（3）修正并定型。

在 VI 设计基本定型后，还要进行较大范围的调研，以便通过一定数量、不同层次的调研对象的信息反馈来检验 VI 设计的各细节部分。接下来就该进行下一步了。下一步设计阶段为编制 VI 手册。编制 VI 手册是 VI 设计的最后阶段。

7.2　网络形象设计

网络作为新兴的第四媒体有它独特的优势，如报道及时、零传播成本、多媒体、可以检索等。有报道说互联网发展的速度远远超过了前几任媒体：无线电广播问世 38 年后，拥有 5000 万听众，电视诞生 13 年后，拥有同样数量的观众，而因特网从 1993 年对公众开放到拥有这个数量的用户只花了 4 年时间。网络作为新的信息传播的载体，确实起了传统媒体所起的很多功用，或者说它替代了传统媒体的很多功用。

公认的大众传媒主要包括报纸、广播、杂志、书籍、电视和电影六大媒介。随着数字化技术的发展，计算机硬件的更新换代，互联网技术迅速普及和网站的大量建立，互联网正成为一种新的媒体广泛进入人们的生活。如今，国际上已把互联网纳入大众媒介中，并将其称为继报纸、广播、电视之后的“第四大众传媒”。这说明，人们已经认同了互联网的作用，即它能够像报纸、广播、电视等新闻媒介那样广泛地传递新闻信息。其实，国际互联网不仅具有报纸、广播、电视等传统新闻媒介的能够及时广泛传播信息的一般功能，而且还具有多媒体、实时性、交互性传播新闻信息的独特优势。它使人类面临着一次信息传播技术的前所未有的、带有根本性的突破和变革。传统的、界限分明的语言、文字、声音、影像等各种传播形式之间的铜墙铁壁顷刻就要瓦解，传统的、相互分割的报纸、广播、书籍、杂志、电视和电影等大众传媒顷刻就要融为一体。人类社会就要随着新一代信息传播新技术、新媒介进入一个信息传播的时代了。国际互联网所具有的超越传统新闻媒介的优势，决定了网络对平面媒体的超越不过是迟早的事情。

一个网站的内容固然重要，但是如果没有一个好看而吸引的外表，哪怕有再好的内容和再

好的结构，相信整个网站的浏览效果也会大打折扣，浏览者的阅读兴致也会大减。人们称互联网经济为注意力经济，如何吸引大众的注意力，除了其内容是一个重要的因素外，外观也同样起着举足轻重的作用。网站的外观非常重要，因此，网站的VI设计也非常重要。

一个好的视觉设计，首先要有一个好的视觉效果。一个网站怎样才算是有一个好的视觉效果呢？一个最简单的判别方法是看三眼：一看是否抢眼；二看是否顺眼；三看是否养眼。其实，这三眼就是网站给你的第一感觉。第一感觉很重要，浏览者能否接受这个网站，很大程度上就看是否有这种“一见钟情”的感觉了。如果答案都是Yes，那么这个网站就有一个很好的视觉效果了，相信浏览者也会耐着性子去看完整个网站的。

怎样才能有一个让人一见倾心的视觉效果？

首先要看整个页面的颜色是否协调，千万不可给人刺眼的感觉；其次要看网页上的文字是否易于阅读，文字太细、颜色太浅、页面太长或超出屏幕宽度都是有违网站设计的“美学原则”的；再次要看图片，图片太大、太多、太模糊都会惹来浏览者的反感；最后要看“动”与“静”是否配合得当，无节制地滥用FLASH、动态GIF、滚动字幕等效果会让人眼花缭乱，但死气沉沉、毫无生气的页面也会让人感到乏味。

上面谈到的VI设计仅仅是就一个页面而言的，VI设计的另一方面是看整个网站的所有页面是否协调与一致。每个页面都使用相同的排版方式、相同的背景色及近似的按钮能增加网页的一致性，树立统一的风格。这是最基本而又最重要的网站VI设计。

互联网的发展使视觉文化识别出现了新的空间和领域，即网站的外观形象设计，它非常重要。从表面上看，网站的形象设计不过是页面版式编排的技巧与方法，而实际上，它不仅是一种技能，更是艺术与技术的高度统一。从企业整体形象塑造的角度出发，网站形象的设计不仅是单一的网页设计，而应该是企业理念和企业行为（BI）在网页设计中的具体化体现，这决定了网站形象设计的原则，如下所示。

1．设计主题鲜明

企业网站设计，其最终目的是达到最佳的主题诉求效果。要想获得这种效果，一方面可通过对网页主题思想运用逻辑规律进行条理性处理，使之符合浏览者获取信息的心理需求和逻辑方式，让浏览者快速地理解和吸收；另一方面可通过对网页构成元素运用艺术的形式美法则进行条理性处理，更好地营造符合设计目的的视觉环境，突出主题，增强浏览者对网页的注意力，增进对网页内容的理解。只有以上两个方面有机地统一，才能实现最佳的主题诉求效果。

2．形式与内容的统一

任何设计都有一定的形式和内容，内容决定形式，形式又反作用于内容，优秀的设计应该是形式与内容的完美统一。企业网站设计所追求的形式美，必须适合主题的需要，这是企业网站设计的前提。只讲花哨的表现形式及过于强调“独特的设计风格”而脱离内容，或者只求内容而缺乏艺术的表现，企业网站设计都会变得空洞而无力。设计者只有将二者有机地统一起来，深入领会主题的精髓，再融合自己的思想感情，找到一个完美的表现形式，才能体现出企业网站设计独具的分量和特有的价值。

3．网站形象的整体性

网页是传播信息的载体，它要表达的是一定的内容、主题和意念，并使其在适当的时

间和空间环境里为人们所理解和接受。它以满足人们的实用和需求为目标。设计网页时，应强调其整体性，以使浏览者更快捷、更准确、更全面地认识它、掌握它，并给人一种内部有机联系、外部和谐完整的美感。只有保持企业网站各网页之间形象的整体性，在网络传播中才能形成统一的网页形式和视觉形象，促进网络整体形象的形成，让浏览者体会到设计者完整的设计思想。

如图 7-7 所示为南京禄口国际机场的网站设计方案，如图 7-8 所示为全为科技的网站设计方案，如图 7-9 所示为天利健康食品的网站设计方案，如图 7-10 所示为南京锐格斯电子的网站设计方案，这些都是网络形象设计统一的网站。

图 7-7　南京禄口国际机场的网站设计方案

图 7-8　全为科技的网站设计方案

图 7-9　天利健康食品的网站设计方案

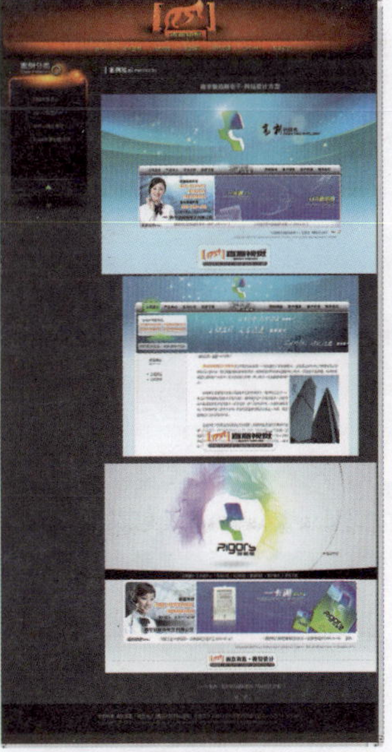

图 7-10　南京锐格斯电子的网站设计方案

7.3 网络广告

以广告收入作为其主要收入来源的网站，可以和依靠销售产品的电子商务网站进行对比：没有设计师会建立一个不把产品、描述和图片位置作为重点的电子商务网站，同样，需要广告收入的企业网站也不能在广告位上有所妥协。

广告是网页设计的重要部分的另一原因是对访客的影响，虽然网站可能依赖于广告收入，但是访客是关键点，没有他们，广告收入就消失了。网站所有者和设计师需要把广告融入进来，同时还得始终保持积极的用户体验。

而广告是网页设计的重要部分，这对于依靠广告收入的网站所有者和企业来说更是显而易见的。没有足够或者正确的空间给广告，将给业务带来很大的负面影响，一旦出现这种情况，为了销售业绩，网站的所有客户企业就会企图移动或开辟新广告位，从而导致网站看上去很尴尬而且无组织，因为这些位置没有在起初的设计过程中被考虑进来。如图 7-11、图 7-12 所示为常见的网络广告。

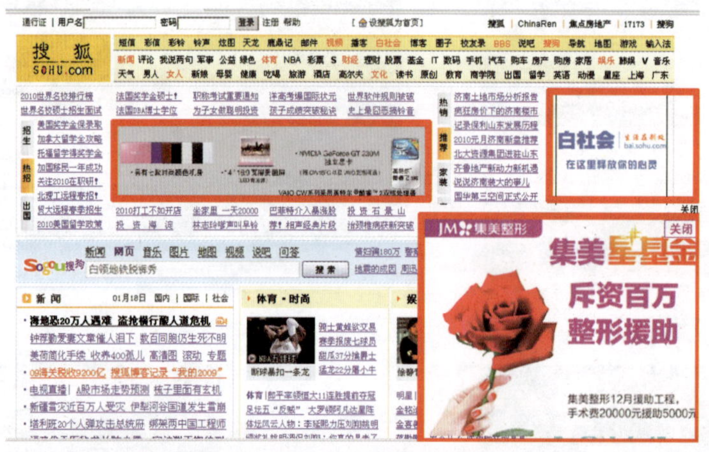

图 7-11　常见的网络广告（一）

图 7-12　常见的网络广告（二）

1. 在线广告的难题

当销售广告的网站想要这些广告能被访客注意并欣赏时，一种微妙的平衡是很有必要的。想要抓住所有访客将导致没有广告收入，而为了广告客户而牺牲所有访客又将导致自身发展的停滞。

在网络世界，一个广告的点击可能使访客离开。虽然可以将广告设定为在新窗口中打开从而预防这一点，但仍然不能保证访客点击广告后会再回来。

2. 网络广告如何影响网站的设计？

在网站布局上，不管设计师多关注广告，它都会在某种程度上影响整体设计。最理想的是在设计中设计师已经把具体的广告位考虑在内，从而可得出网站的布局。在这种情况下，广告能在网站上保证其效果，同时又不会扰乱内容或信息流的顺畅。

如果广告没有被充分考虑在内，那么它们看起来将非常不协调，会扰乱网站的其他部分。

3. 网络广告布局和间距

广告很可能占据网站布局的一大块空间，不管是一个大广告条，还是数个绑在一起的小尺寸，网站的布局都会受到影响。一些网站会在页面上分散不同的广告，还有一些网站会限制它们出现在具体范围内，并让出其他位置来设置免费广告。

广告的策略取决于多方面因素，但是在特定行业和领域的网站均倾向于采取相类似的处理方法。例如，对于新闻网站而言，通常在整个网站布局中都散布着广告，它们可能不会在某个特殊领域存在，却总是会少量存在于许多位置上。

和新闻网站相比，许多博客会让横幅广告固定在一些指定的区域，通常是在边栏上，而其他位置则不会有广告出现。这一做法使得设计师需要为广告谋一个比较大的区域，而其他区域则基本不考虑广告位。

无论是博客还是新闻网站，由于广告常常被放在边栏上，所以在设计布局时主要应考虑容纳广告的边栏所需的宽度。例如，许多新闻网站在边栏处有 300px×250px 的横幅，因此边栏必须足够宽以容纳该尺寸。如果这个没有考虑在内，那么赢利机会和潜在收入将受到不利影响，或者布局不得不更改。

当然，边栏不是唯一的常见广告位，很多网站还会出售它们的页头位置，因为这里常常能带来最高的广告价格。在这种情况下，广告在设计中一定要作为重要元素来对待，否则这里可能就不会留出位置了。特别是对于页头有标志、品牌区及主导航的网站而言，为了在页头包含广告位，则所有这些元素必须被合适地布局，否则主导航可能被移到别处。

单论内容的话，互联网上的内容非常多，但不是谁的内容多，谁就能表现自我，而是谁的内容组织得好，谁就能赢得客户。

搜索引擎和门户现在是互联网的两个主要入口，也是组织内容的两个巨头。其中门户是用户费力最少的网站。它提供的是最大众化的内容，即所有人看到的内容基本是一样的。但是由于阅读门户网站的人水准不一，所以决定了门户网站的设计要尽量少交互，而应该放尽量精华的内容。

用户的浏览习惯通常是这样的：

（1）看一下这个页面有没有吸引人的地方，如果有，再仔细看看；

（2）重点是哪些内容，如最新的、最重要的、最能解决我的需求的；

（3）我关心的敏感问题最近怎么样了。

根据这个浏览习惯，网站内容的组织主要应围绕以下三个部分进行。

（1）抓住用户：首先要在用户访问的第一眼抓住用户，把用户留下来。这时需要非常有吸引力的东西，有了这个前提用户才会留下来。

（2）重点展开：应给用户提供比较重要的内容，即与这个页面的主题最相关、最重要、最鲜活的内容。

（3）分类与补充：应给网站添加一些补充性的内容、全面的内容，以显示整个网站的结构，方便引导用户访问到全站所有的内容，补充首页上内容的不足。

首页左上角可放一个 FLASH，因为有时图片轮换的效果还不如一张图片。在同一个时间段里最有吸引力的图片应只有一张，很多张会导致出现以下两个问题。

图 7-13 主页

（1）没有重点，不知道哪一张是最重要的，抓不住用户。例如，本来想通过四张图片抓住更多的用户，但却没想到这些用户只有 1/4 的概率看到他们最想看的图片，而且即使看到了，也可能马上跳转到其他图片上。

（2）很大一部分用户不会自行切换图片，图片跳转有可能导致用户心理受挫。

总而言之，用来抓住用户的内容应主要是头图和头条。

再接下来考虑的问题就是分类了，应根据用户不同的定位、不同的爱好将他们分流到各个频道里，这样既可帮用户解决问题，也可替频道拉动流量，补充的内容可分别罗列在两侧以供参考。

对于如图 7-13 所示的主页，可以从以下方面分析：内容重点太多，没有层次；头屏的左中右三块没有重点，头屏的中间与二屏的中间区块没有重点区别，二屏的中间与二屏的右侧没有重点区别；广告非常奇怪，一会儿出现在左边，一会儿出现在右边。这样的组织结构，很难让用户清晰、顺畅地浏览。

另外，该主页上还有一些细节的问题，如导航栏的图标意思不明确；正文字体是 14 像素加粗和一般的 12 像素，中间差了 14 像素这一个级别，使得 12 像素的标题很难被注意到。而 14 像素加粗的字体有好多，使人不知道哪边是重点等。

虽然该主页上除了有一些大幅的硬广告外没有什么小广告，而且如果细看起来，这些广告的内容其实都是有价值的，但恰恰是这么多有价值的内容让用户无所适从。

4．颜色

网站设计师无法控制在网站上出现的横幅的颜色或设计，但是他们能在制定配色方案时考虑一些可能性。例如，横幅广告为了吸引访客的注意，往往会将其颜色设计得比较丰富多彩、明亮。如果网站设计得充满许多不同色彩和阴影，和同样色彩丰富的广告搭配在一起就会显得很尴尬、很拥挤，特别是当这些颜色还很不协调的时候。

一些展示很多广告的网站会需要一个柔和的配色方案，以避免用户承载太多颜色。而在某些情况下，网站需要广告脱颖而出，以吸引更多用户注意网站本身，此时对颜色进行设计将是非常有效的方法。

5．流动

任何类型的网站设计师面临的挑战是展示内容，即让用户关注重要信息。人的眼睛在屏幕上的独特的移动方式和网站的内容流动都会受到广告的影响。因此，网站所有者寻求广告收入最大化时，常常会把广告位放在眼睛关注的位置，以产生最佳结果和最多的广告收入。

要想既得到广告收入，又希望对访客的影响最小化，可以让广告远离主要的内容，或者将广告位置放在发布内容之中或者边栏上。直接在发布文章的上面或下面放广告，往往比将广告放在边栏更容易引起人的注意并使其点击，因此它们一般都以更高的价格出售出去。网站所有者需要在这方面做决定，设计师也需要了解这些决定并在设计中合理安排广告位置。

注意图 7-14 中的左下角的浮动广告，图 7-15 中的广告位置的对比。

图 7-14　左下角的浮动广告

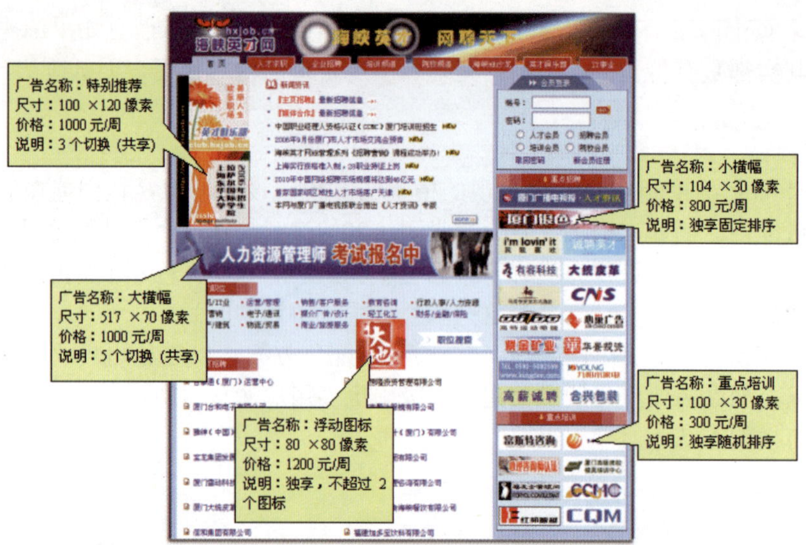

图 7-15 多个位置的浮动广告

近年来，广告已成为很多网站的主要收入来源。以前，在线广告往往会遭到访客的拒绝，广告客户也不确定它的价值和效力。今天，大多数访客都期望在商业网站上看到广告，广告客户也已经认识到各种在线广告的潜在机会了。

网站所有者或者发布的产品和服务总是会担心广告存在的影响，而它同时也影响着网页设计师，因为他们必须设计出能带来广告收益同时又满足访客需求的网站。依靠广告收入的网站需要一个有合适位置和排版的设计以更好地卖出广告，而广告客户也需要一个能让他们的广告达到一定曝光度的位置。

当设计师没有把广告作为首要关注点时，就很容易设计出一种尴尬的布局，这种布局要么有损网站流量广告，要么会把广告放置在无法吸引访客注意的位置上。为了让客户的广告效益达到最大化，同时对网站的界面和可用性影响最小，设计师必须在设计的整个过程中把广告需求考虑在内。

当然，并非所有网站都会出售广告位，但这样做的网站越来越多了。随着博客普及率的上升，以及设计师收到更多自定义博客主题的需求，这个问题将越来越普遍。对这个话题进行充分的讨论需要从最基本的问题开始。

首先广告客户为什么要对广告位付费?

广告客户购买广告是为了获得曝光推广并改善他们的经营状况。虽然每个系列的广告目标不断改变着，如有一些主要关注品牌识别度和总体的推广，而另外有一些只关心产品的销售，但是广告的最终目标都是为了加强公司的业务。

设计师可以通过广告的位置设计来影响广告的效果。当然，设计师不能决定产品和服务的销售，但广告位置是点击率的关键，对广告是否成功具有相当大的影响。

其次，广告客户为了什么而付费?

访客的点击，销售的转化，或者是简单的屏幕位置？所有这些都有可能成为广告客户付费的理由，应视情况而定。例如，点击广告，以点击作为支付标准；联盟广告以订单或用户行为作为支付标准；直接广告，这些广告一般都是通过给屏幕上的位置设定好价格并出售得来的。

如果网站要把广告卖给其他公司，那么在整个设计过程中把广告客户的需求考虑在内

是很重要的，其中点击广告和联盟广告也许还能被放在网站的任何地方（当然结果也会有所不同），而直接广告收入则依赖于广告客户对所付费用得到的结果的评估。

最后，网站或企业为什么要发布广告？

广告可以给网站带来很多赚钱的机会及大量的流量，尽管也有其他方式可以为网站带来收入，但是广告是为数不多的，可以让网站拥有者充分利用现有的流量而不用额外的工作的方式，如生产产品或提供服务。

博客作者发布广告，是因为这些所得可以让他们除了能抵消自己写文章花费的时间并维持博客，还能赚到额外的收入。新闻网站销售广告是因为他们通常拥有大量的读者，同时他们的线下商业模式如印刷的报纸，已经不能像前几年那样带来可观的广告收入了。随着越来越多的消费者转向在线出版物，而不是报纸新闻，广告收入也将从印刷出版物转向在线的。如图 7-16 所示为韩寒的新浪博客，如图 7-17 所示为李开复的网易博客，二者的特点就不言而喻了。

图 7-16　韩寒的新浪博客

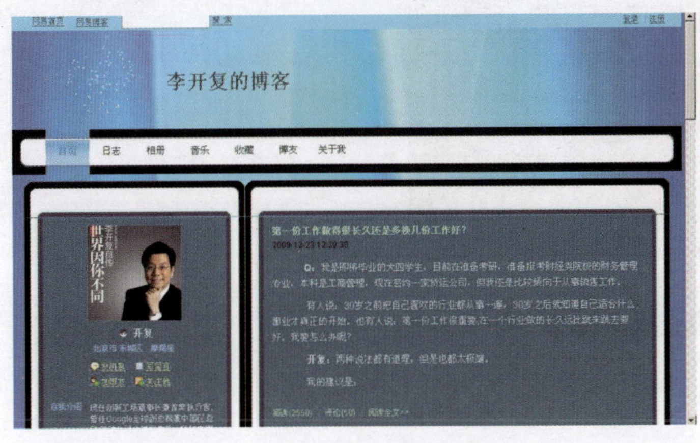

图 7-17　李开复的网易博客

在大多数情况下，广告收入是业务成功的关键，出于这个原因，在设计过程中它应该是优先考虑的事项。对于那些通过网站向访问者出售服务的服务型企业，设计师的工作包括建立一个有效的向房客推销服务的网站，这同样也适用于依靠广告收入的网站和企业。

7.4 如何创建内容丰富的企业网站的网页

很多中小网站实际上是公司简介印刷册的电子版，网站上只有公司介绍、产品、服务及联系信息。这些网站通常只包含 5～10 页 html 文件。从客户的角度看，由于通过这样的网站可以了解到企业的基本信息、产品、服务内容，所以“电子目录”网站基本能够满足企业客户访问网站的需要。

但是从搜索引擎的角度看，文本内容是搜索引擎的宠爱，而“电子目录”基本上只有公司简介，很难出现大量文本，主要的产品页面往往由图片占据，文字描述不多，而搜索引擎是看不见图片的。因此，缺少含有关键词的文本内容是“电子目录”网站的硬伤。

创建内容丰富的网页，意味着增加以文本为主的栏目，以及在原有页面中配上大量的与该网站的关键词相关的文本文字。只有这样才有助于提升网站的排名，增加网页被搜索引擎抓取的机会，从而使网站更容易让人找到。此外，丰富的文本信息还有以下好处。

（1）专业的信息让客户觉得你很专业，从而对你产生信任。

（2）借机促销/宣传产品或服务。

（3）如果竞争对手网站就是“电子目录”，你显然比他们更具有竞争性。

（4）经常更新内容促使用户经常访问网站。

（5）请求互换链接时，成功率更高。

这里推荐几种常用方法来创建内容丰富的网页，如下所示。

1. 背景信息

如果是酒店，不妨介绍一下该酒店所在城市的情况及该地区的旅游景点；如果是外向型企业，可以附带介绍所在地区的港口优势、产品资源优势等。总之，应动用一切有利于销售你的产品或服务的背景资料。如图 7-18 与图 7-19 所示为香格里拉大饭店的网页。

图 7-18　香格里拉大饭店的网页（一）

图 7-19　香格里拉大饭店的网页（二）

2．产品信息

仅有产品型号是不够的，应多介绍一些有关该产品或服务的情况，为产品/服务撰写评论，如使用情况。最好能够发布满意的顾客评论。顾客在进行网上购物时，一定要查看其他网友针对该产品的评论，以决定是否购买该产品。现在大部分的 B2C 网站都提供了商品评论，但 B2B 网站在这方面做得还远远不够。

3．常见问题（FAQ）或问与答（Q&A）

该方式可作为一种自助性的客户服务方式，且已经为很多企业网站采用。如图 7-20 所示为互动问答形式的网页。

图 7-20　互动问答形式的网页

4. 发布专业文章

最好自己写一些有价值的专业文章作为原创发布在网站上。但由于不是每个人都可以写出高质量的专业文章，所以转载文章就成为大部分想要充实自己网站内容的人采取的多快好省的方法了。例如，卖珠宝的可转载有关珠宝知识的文章；卖保健品的可介绍养生之道；卖服装的可摘抄今季最新服饰流行趋势；做网站服务的可转载网络营销专业文章等，这些文章中往往含有大量自己需要的关键词。在这方面，网络营销服务商网站做得最到位。

需要再次强调的是，转载高手们必须在文章下面注明原作者及文章出处。互联网虽然包容随意转载行为，但决不允许剽窃，这在网上、网下没有任何区别。

5. 友情链接

一般而言，企业网站进行友情链接的最好对象是业务合作伙伴的网站，如原材料供应商、客户网站。这是从提高链接广泛度的角度出发考虑的。若从扩展网站有用信息的角度出发，行业信息网站是最理想的交换对象。但作为企业级别网站，与行业门户交换链接的成功机会不大，此时可以在对方网站的企业首页登个记，再把对方链接过来。

当然，对于企业而言，创建丰富的网站文本内容，意味着短期内投入相应的人力来撰写、搜集有用的文字资料，长期看还要不断更新内容。从长远发展的角度看，这种投入是值得的，而且它操作起来并不难，可以从企业的市场部、文秘部等部门人员中找到适合的人选来承担这一工作。如图 7-21 所示为友情链接。

图 7-21 友情链接

思考题

1. 请讲一讲 VI（视觉识别系统）与网页设计之间的关系。
2. 结合本章所学内容，分析如图 7-22～图 7-25 所示这组网页的 VI 设计及应用特点。

图 7-22　网页（一）

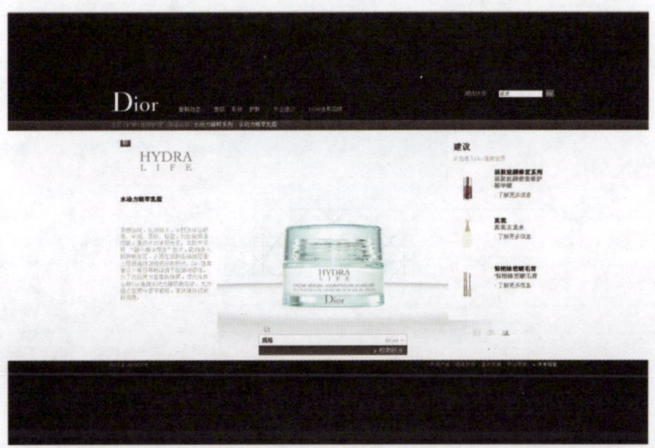

图 7-23　网页（二）

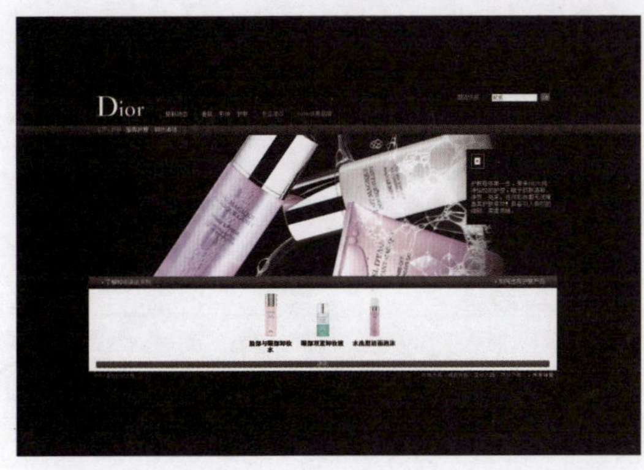

图 7-24　网页（三）

图 7-25　网页（四）

3．结合第 2~6 章所学的内容，并对已经完成的局部效果进行组合以达到如图 7-26 所示的效果（素材可以适当调整选择）。

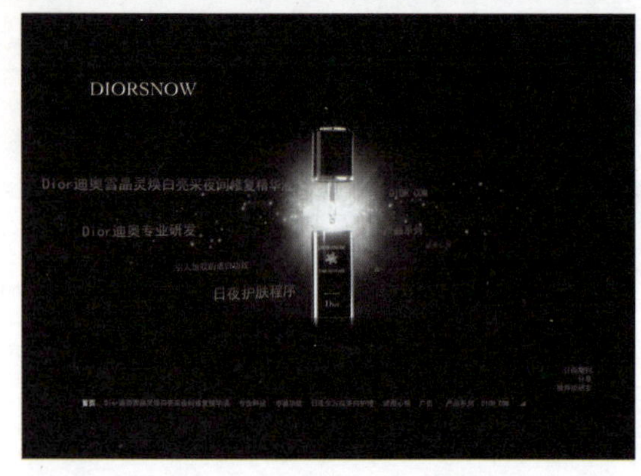

（a）效果（一）

（b）效果（二）

图 7-26　效果

第 8 章

经典网页的解析

8.1 产品类网页的分析

图 8-1 为奥迪官方网站的首页，其简单干净的设计，可在视觉上给人以舒适、稳重的感觉。

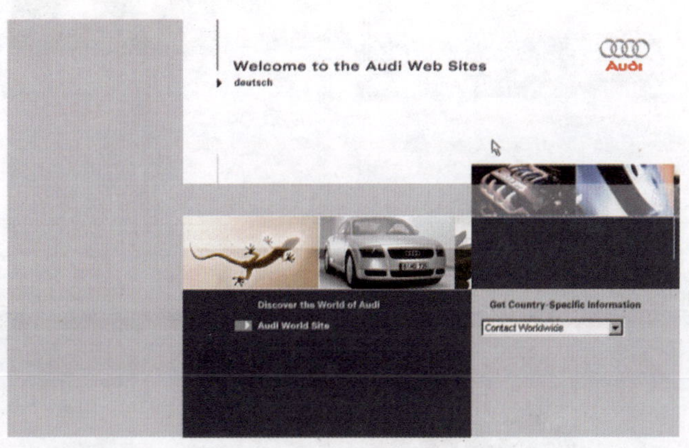

图 8-1　奥迪官方网站的首页

整个网页选择了灰色的基调，整个页面一分为二，上半部分只在白色底面上设置了蓝灰色文字及 LOGO，简单干净，恰到好处。

而下半部分从色彩上被不太平均地分成了 4 大部分，分别展示了奥迪车、车部件的细节照片，以及文字下拉菜单。从色彩上讲，上部分的白色与下半部分的灰色形成对比，而下半部分的两种灰色又交错形成了对比，使整个画面在色彩上给人以统一中有对比，对比中有统一的感觉。

如图 8-2～图 8-4 所示为一组奥迪 TT 跑车系列的网页，整个网页在色彩设计上选择了黑色底边与蓝灰色页面的结合，视觉上既给人以稳重感，又不失现代感，符合奥迪轿车的市场定位。整个系列的网页都做了网格状设计，在平分网格的基础上，每个页面又选择适当的格子进行了组合，将跑车的彩色图片安排其中，打破了平分网格的呆板感。另外，对可点击的子菜单均在格子的色彩及文字颜色上进行了设置，而对大面积的文字说明选择了黑色文字与白色底色的网格设计，从而在视觉上强调了文字的重要性。

图 8-2　奥迪 TT 跑车系列的网页（一）

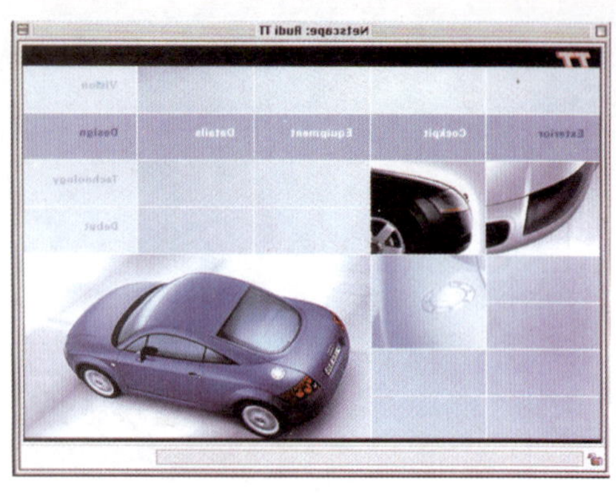

图 8-3　奥迪 TT 跑车系列的网页（二）

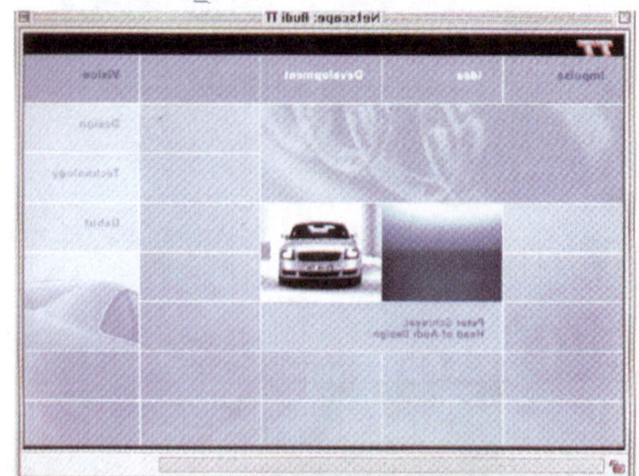

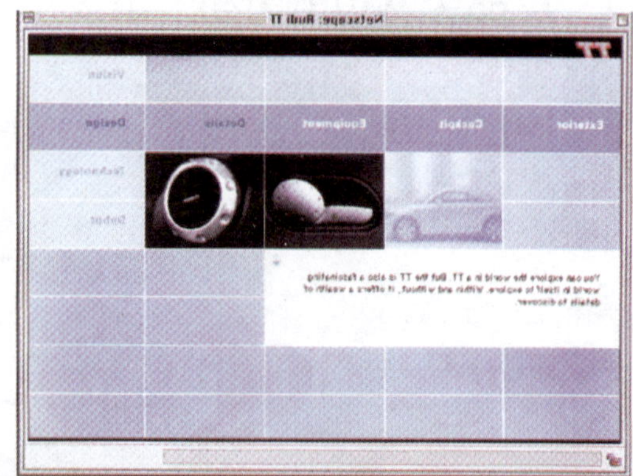

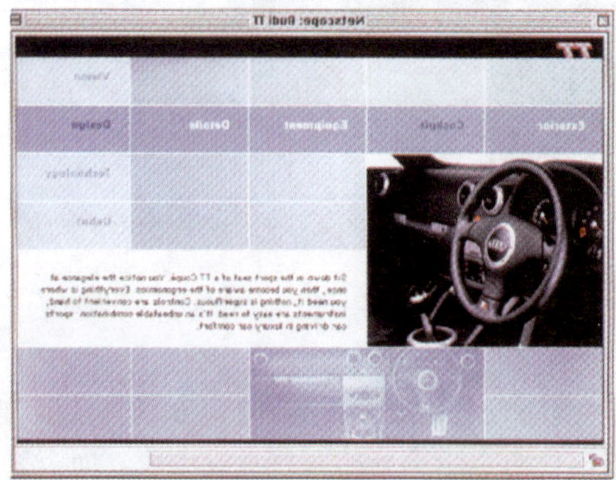

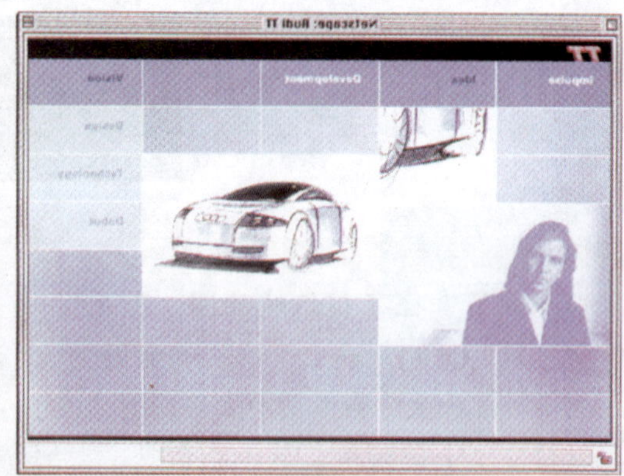

图 8-4　奥迪 TT 跑车系列的网页（三）

如图 8-5～图 8-9 所示为 NIKE 系列的网页，每张网页的色彩均做了不同的设计，但每张上小面积的红色贯穿始终（第一张除外），以使它们相互呼应。而它们在版式上也做了近乎相同的设计，如图 8-7、图 8-8 均运用细长的人物照片将页面一分为二。该系列网页的画面底端都有小面积的色块，它们巧妙地将人物局部的黑白照片、NIKE 的 LOGO 设计在了其中；文字上大部分选择了黑色与白色的交错排列，强调了主题，在整个画面中显得很协调。

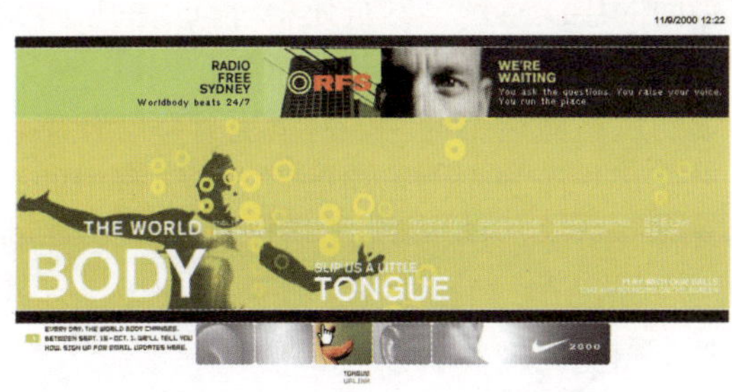

图 8-5　NIKE 系列的网页（一）

图 8-6　NIKE 系列的网页（二）

图 8-7　NIKE 系列的网页（三）

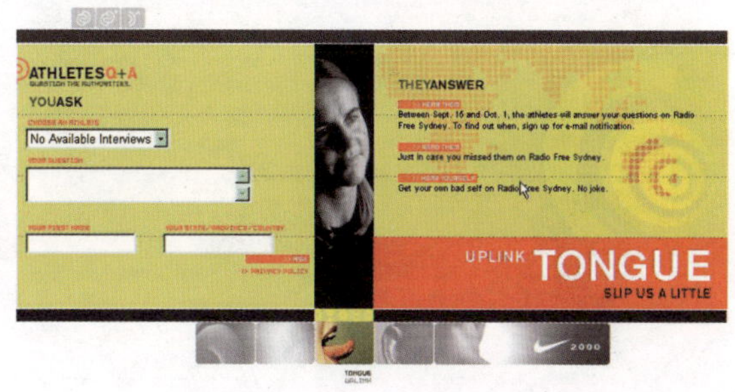

图 8-8　NIKE 系列的网页（四）

图 8-10 为一个和动画相结合的赛车网站的网页，网页中间为一个椭圆的汽车反光镜，播放着赛车的 VCR。整个网页设计巧妙，简洁合理，视觉效果强。整个页面中存在多处巧妙的对比（如动与静的对比，椭圆与整个页面的对比），从而增强了整个页面的视觉冲击力。

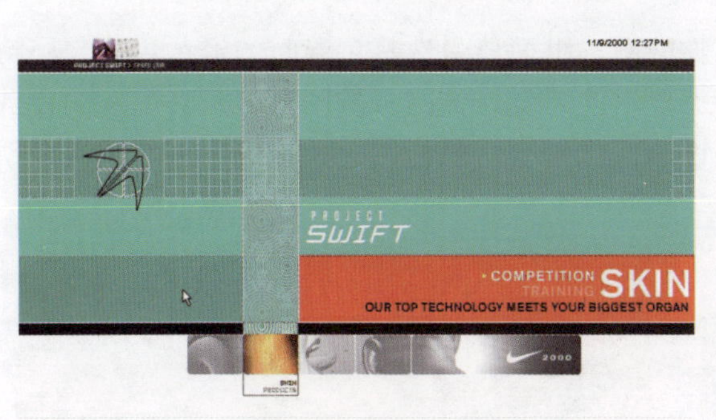

图 8-9　NIKE 系列的网页（五）

图 8-10　一个和动画相结合的赛车网站的网页

8.2　创意类网页的分析

图 8-11 是个人博客主页，其设计为贺卡式的版式设计，主页左边的曲线与右上角的直线相互呼应，色彩上一深一浅的蓝绿色也将整个画面做了很好的划分。另外，画面色调暗雅，淡粉色的背景，配上暗红色的花朵，可给人一种黯然、悲伤的感觉。画面中间最亮处及

两端的蓝绿色在色彩上进行了渐变处理，增强了画面的层次感。该网页还将可点击的项目与手绘花蕊巧妙结合了起来。另外，画面中手绘的小人也给页面增添了几分童趣。

图 8-12 同样是个人主页。它和图 8-11 的网页的风格截然不同。该网页更具有现代感。本主页的页面版式选择了画面居中，四周留白的设计，从而制作出了相框的感觉。居中的画面又用线条和断点做了等分的处理，不仅可以与背景区分，还增强了画面的立体感。该主页在色彩上主要以灰色为主色调，以灰色为中性色，给人以柔和、平凡、稳定的印象。在这里，灰色与其他色彩的搭配相得益彰，使人在视觉上感觉比较舒适。

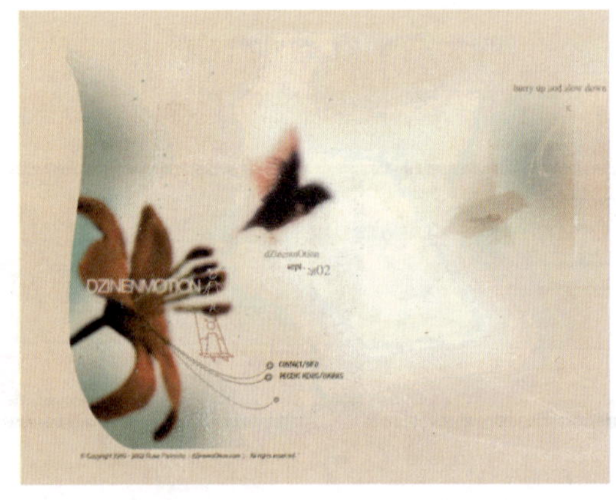

图 8-11　个人博客主页

图 8-12　个人主页

图 8-13 为一个时装设计师发布春夏时装作品的网页。红色是整个网页的主色调，暗红色的背景给人高贵、华丽的感觉；春夏时节，正是百花盛开的时候，设计师选择将三朵花瓣儿放置于整个页面中间，也是要传达这种春夏时节的感觉。三朵花瓣儿分别做了颜色的区分和层次的罗列，增强了画面的层次感。设计师还借助每朵花瓣儿分别传递了不同的信息，使得整个网页层次分明，条理清楚。

图 8-14 是一个国外女性鞋、包类的购物网站。页面背景选择了温暖的橙黄色，与模特古铜的肤色及斜长的倒影一起，营造出了炎炎夏日的感觉。该网页构图巧妙，其偏左的设计在视觉上给人以想象的空间；其简单的文字说明、比例合适的构图、柔和的色调，也符合现代女性的审美观念。

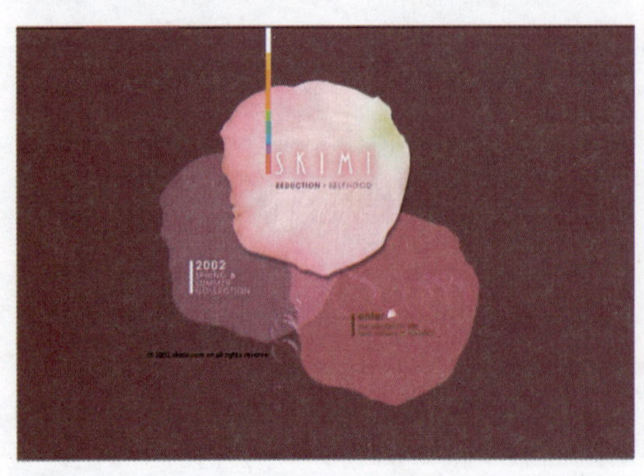

图 8-13　时装设计师发布春夏时装作品的网页

图 8-14　国外女性鞋、包类的购物网站

图 8-15 是一个以“design is more”为主题的国外设计网站。其主色调为灰色，显得深沉、稳重。页面的主体选择了中线偏下位置，增强了画面的稳定感。背景上层层环绕的椭圆线条代表宇宙星河，似乎也是在强调设计无止境的寓意，即页面的主题——“design is more”。

图 8-16 是一个以 CD 光盘形态为背景的设计网站。白色的底色，灰色的线条，色彩清晰，衬托出了网页干净整洁的光盘形态。该网页利用独特的图形语言介绍了昆虫，并用一些与昆虫相关的名词取代了原本应是介绍 CD 曲目的右侧面文字。在画面中，两只蜻蜓以不同的形态组合不仅给画面带来了生机，也呼应了文字介绍。

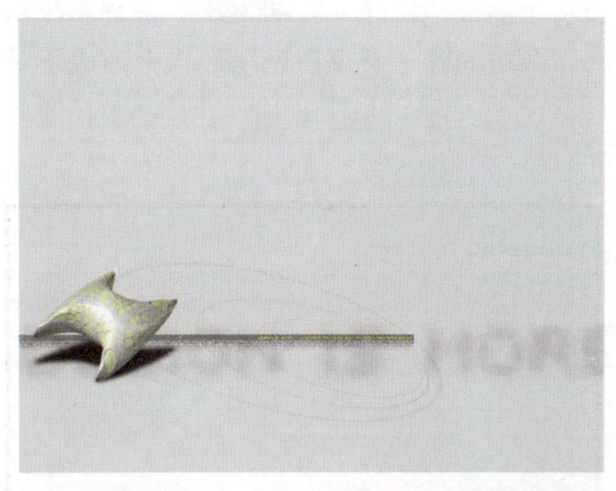

图 8-15　以“design is more”为主题的国外设计网站

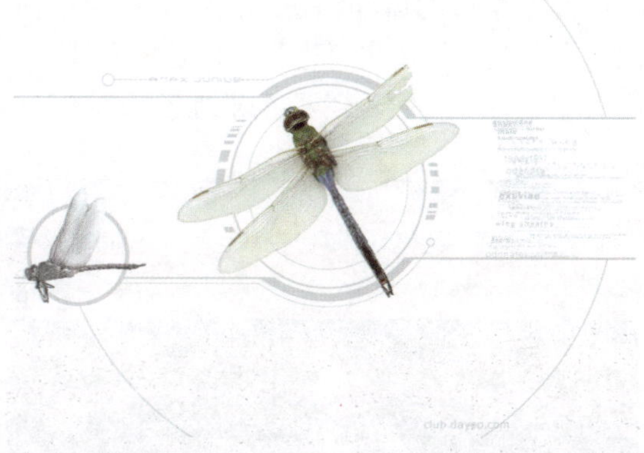

图 8-16　以 CD 光盘形态为背景的设计网站

图 8-17 是一个国外设计事物所的主页。网页背景选择了柔和的墨绿色，给人雅致、深沉的感觉。左侧的黑色“旋风”状图形与白色文字组合，动感十足；深绿色的投影，增强了画面的立体感。它在版式上采取了横向设计，符合网页设计规律。横向的文字与图像结合，可给人以扩大视野的感觉。

图 8-18 是康柏电脑（COMPAQ）在国外的一个主页。在设计上，页面利用彩色的搭配制造出了太阳光束的感觉。画面中间的网状立方体，寓意电脑技术日新月异的发展就像这网状立方体一样层出不穷。其夸张的透视效果，增强了整个页面的立体透视效果。除了中间的立方体外，该网页还设置了两个不同方向的小立方体和大小不同的产品形象，增强了画面的层次感。

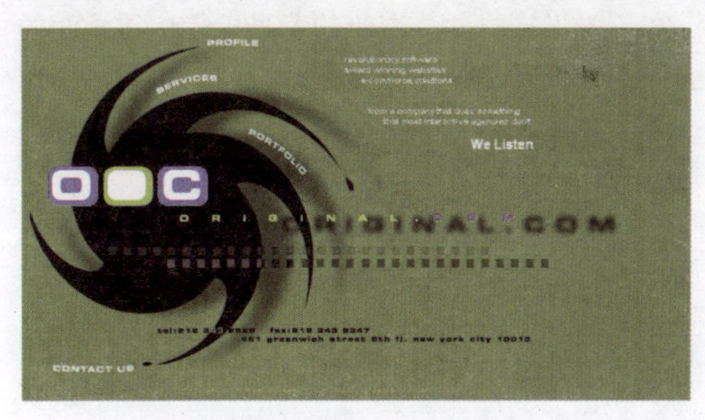

图 8-17　一个国外设计事物所的主页

图 8-18　康柏电脑在国外的一个主页

图 8-19 是一个国外设计师的个人主页，其简练的设计彰显了一种超俗的设计风格。其版式设计近似于商品商标的设计感觉，意在强调网页的主人及其所从事的设计领域。一个模糊的 LOGO 形象，富有动感，可给人以想象。背景页面的左下角及右上脚分别设计了两组图形，相互呼应，也使网页的构图变得更加完整。在色彩的设计上，该主页主要选择了背景的浅墨绿色及中间的黑色，色彩统一，不杂乱，给人深沉、稳重的感觉。

图 8-20 是一个国外公司的网页。整个页面背景在色彩上选择了渐变过渡的效果。和其他网页不同的是，该页面的主要内容放在了网页的上半部分，并将黄金涡线与绿色树叶图形巧妙地结合在了一起。另外，涡线的弧度处配有子目录的图示及名称。为了与黄金涡线的线形态呼应，叶子的形态也被一分为二，左半边为写实的绿色树叶，叶柄末端与黄金涡线相接；而右半边的树叶则是由红色线条勾绘而成的，两边的叶子不仅在表现形式上形成了对比，在色彩表达上也考虑到了两边的对比。该网页对彩色线条的运用新颖、独特，是在商业网页中不可多见的，较多考虑到艺术性的一幅作品。

图 8-19　一个国外设计师的个人主页

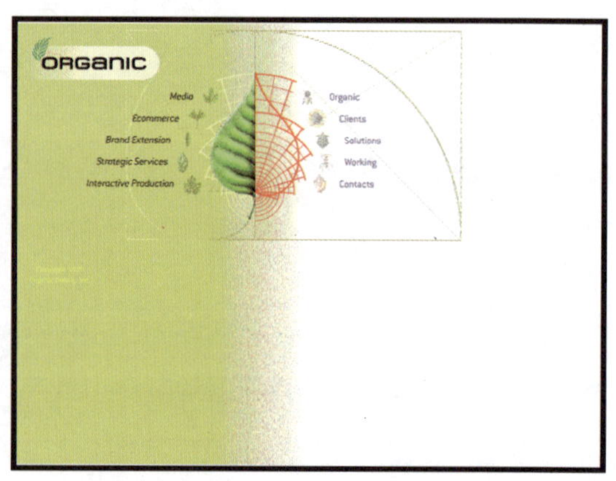

图 8-20　一个国外公司的网页

8.3　卡通类网页的分析

图 8-21 是一个国外的设计网站。其与众不同的设计效果，不仅传达了网页的内容，也能给人留下深刻印象。画面背景上是用线条勾勒出的立体建筑图形，利用俯视角度营造了更强的空间感。画面中间的卡通人物，同样以俯冲的角度飞向背景的摩天大楼（skyscraper），几道线条犹如光束，增强了人物形象的动感。在色彩设计方面，深色的背景更能体现画面的层次感；灰、白、红相间的卡通形象可谓画面的一处亮点。而在文字设计方面，该网页则选择了比较卡通的字体，与整体页面效果呼应；其橙色箭头将主题与子目录区分开来，而大小递减的文字排列方式使得整个文字编排显得规整有序。

图 8-22 是国外一个名为“动物逻辑营业公司”（animal logic）的影视特效制作公司的网站主页。因为是影视特效公司，所以其页面选择了较为卡通的设计。除此以外，该网页在文字设计方面也是有代表性的。其不论是卡通图形还是外围的白色圆环都是文字的结合，而且从公司涉及领域到经营范围都巧妙地融入了图形之中。除了卡通的版式设计外，该页面在色彩运用上也比较讲究，虽然选择了较淡雅的颜色，但却层次分明，有主有次。

图 8-21　一个国外的设计网站

图 8-22　一个影视特效制作公司的网站主页

图 8-23 是一个国外以放松、休闲为主的综合网站，其目的是倡导人们在工作之余健康生活。整个页面不论是版式设计还是色彩搭配都是以清新自然的感觉为主导的。交错的两组文字、图片，使页面层次清晰，不呆板；简练的文字和卡通的图片便于人们使用，符合网站的轻松、休闲娱乐的宗旨。

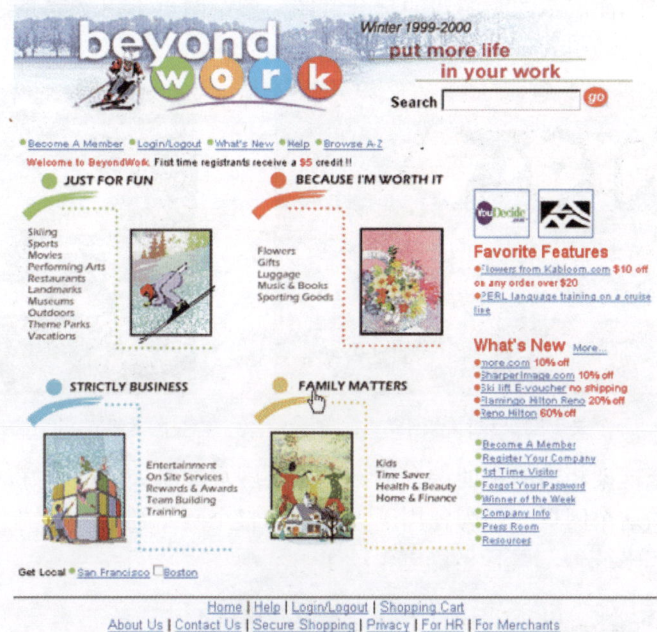

图 8-23　一个综合网站

图 8-24 是一个关于文化宣传推广的网站主页，网站主要以推广达勒姆地区的民间文化艺术为主。该网页版面安排合理且具有现代感，层层树荫里的流水动画效果生动；整个布局饱满，既突出了空间感，又做了重点强调，注重层次的变化。该网页背景音乐的选择也与主题相互呼应，相得益彰。网页的字体设计新颖统一，与图片颜色搭配和谐。两色交叠的背景，适当地强调了网页重点，风格独特。

图 8-24　关于文化宣传推广的网站主页

图 8-25 是一个关于网页设计的网站，意在向人们提供网页设计的道具、帮助等。画面当中黄色的英文字母组合的图形是这个网站的 LOGO。灰色背景衬映下的绚丽的颜色与小动画的配合，使整个 LOGO 熠熠生辉。简单的文字说明及两个选项，使整个网页显得更为智能化、人性化。

图 8-26 是国外一个游戏公司介绍某款游戏的网站页面。和其他的网页相比较，这个网页更像是游戏的界面，因为游戏中的怪异大树、动物形象都被运用到背景当中了，而且画面中心位置的一个方形画面展示的是游戏的部分截图。整个网页不用文字介绍，只是将游戏中的背景展示出来，就已经引人入胜了。

图 8-25　一个关于网页设计的网站

图 8-26　介绍游戏的网站页面

图 8-27 是一个框架相当简单的综合网站。这类网页如果处理得不好，很容易会显得呆板而无趣。而此处的这个网页，因为使用了大量的和整个网站颜色风格统一的图标和图片，从而使整个网站看起来统一，并且显得更生动了。

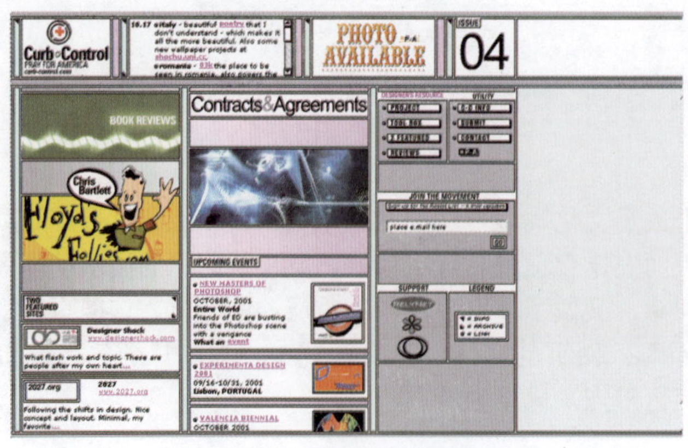

图 8-27　一个框架简单的综合网站

8.4　公司网页的分析

图 8-28 是韩国 POSCO 公司的官方网站主页，也是韩国网站版式设计比较有代表性的一个网页。页面左边是网站的 LOGO，右边是导航栏。POSCO 公司是从事汽车产业生产方面的公司，因此页面中间选择的是汽车前盖及车灯部分的一个特写，暗红色的车身也是整个网页上的一处亮点。网站整体选择了灰色为主色调，深浅不同的灰色对整个网页的区域进行了划分，左侧利用插图和文字来介绍公司的产品；中间部分是告示栏；最右边是关于公司生产线的一个介绍及其相关的动画，均为可点击的子目录。整个网页版式设计条理清楚，色彩运用简单却不呆板，能充分体现出工业产品的特点来。

图 8-29 是韩国宣传保护残疾人团体联合会的网站。它在色彩上选择了灰色为背景色调，对需要强调的部分做了红色背景的铺垫及投影的设计，且没有选择别的图形，而是直接将残疾人的照片排在网页上，从而给人直观的视觉刺激。这样做既是对网站的宣传，又可以引起人们心灵上的触动。

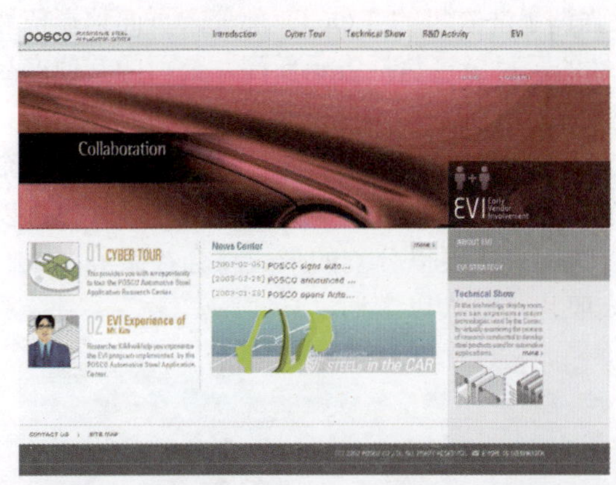

图 8-28　韩国 POSCO 公司的官方网站主页

图 8-29　韩国宣传保护残疾人团体联合会的网站

图 8-30 是韩国 Cheil 通信公司成立 30 周年（暨大学生广告策划大赛）的官方网站。整个页面被分为两层，首先是背景层，主要包括公司的名称、语言选择区域、页面指南等子目录。它在颜色上也均为深浅不同的灰色，以示区分；另外一层则是整个页面的重心，这层通过色彩的区别被横向分为三个区域，左侧的两条色带分别是介绍公司的子目录，而中间的大幅区域则是整个活动的海报，以及参赛作品的展示。最后一部分主要以文字为主，包括本次活动的名称、LOGO、历年公司的优秀广告展选及两个网站检索目录。整个网站层次分明，色彩搭配得当，具有韩国网页的特点。

图 8-30　韩国 Cheil 通信公司成立 30 周年的官方网站

图 8-31 韩国 MBC 电视台的官方网站

图 8-31 是韩国 MBC 电视台的官方网站。直观来看，该页面被分为了三个区域：上半部分利用背景的色彩渐变及抽象的图形，展示了网页名称及台标。画面周围分别是以英文、图形所做的两种子目录（菜单）；页面下半部分通过色彩的区别又被分为两个区域，其中左侧部分主要通过文字及漫画介绍了 MBC 电视台的大型拍摄设备。右侧区域分别介绍了电台公告和新闻，以及利用照片、文字图表介绍的电台所属的分支机构等，每个区域均是可点击的子目录。这个页面秉承了韩国网页的设计特色。

图 8-32 是韩国 HAUZEN 公司的网站，它是一家以家电制造为主的公司。蓝色的主色调是与家电品最为吻合的色彩。该页面做了一分为二的设计，上半部分展示的是该公司的洗衣机，刻意强调了洗衣机的 LOGO 部分，页面顶端依然是公司 LOGO 和导航栏；下半部分主要是文字性的子目录，包括告示新闻，公司的其他产品及公司广告。它们均为可点击的子目录。与顶端导航相呼应，页面底端也设计了导航栏。

图 8-33 是韩国三星集团下属的三星生命保险株式会社的网站主页。蓝色是三星集团企业形象色彩之一，具有一定的代表性。因此这个页面也将蓝色当做了页面的主色调。也可以说这代表一种企业形象的展示。在版式设计上，该网页主要以分割的形式将会社服务领域做了分区。在图片选择上，该网页主要选择了真人照片，给人以亲切、真实感。

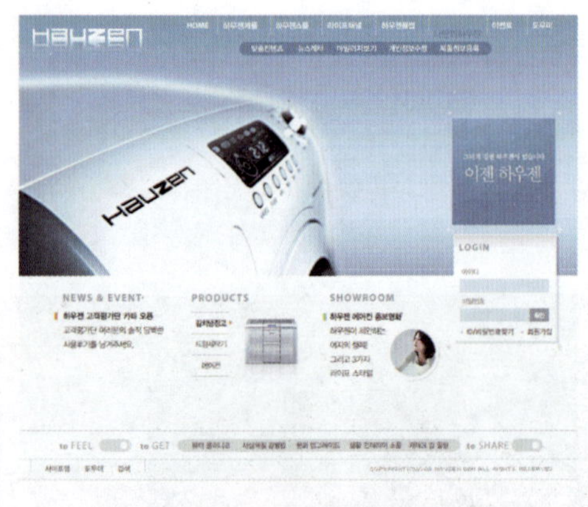

图 8-32 韩国 HAUZEN 公司的网站

图 8-33 三星生命保险株式会社的网站主页

8.5 网页主色调的分析

8.5.1 黑色主色调的分析

众所周知，黑色属于无彩色系，是万能搭配色。它具有强烈的吸光性而不反射任何的

色光。因此，黑色往往会使人联想到夜晚、黑暗等，常用于比喻冷酷、阴暗与隐蔽。在西方文学与绘画中，黑色一般代表贬义，象征着凄惨、悲伤、死亡与恐怖。但是在时装界，黑色则代表稳定、庄重，是永不过时的时尚潮流。在中国文化中，黑色是北方的象征，代表五色中的“水”，而在彝族人中，黑色则代表贵族与高贵。

图 8-34、图 8-35 是一组“铁锈男孩”电影的网页，其整体以暗色为主调。首页以影片中男孩的三维形象为主体，同时将电影名称（RustBoy）以明亮的黄色加以强调。各分页则采用相同的结构模式，从而呈现出了上、中、下的分布结构。画面上部分与下部分别为各分页的链接菜单和时间说明，中间则是各分页的相关内容。其具体内容采用了左右结构，左端为图片，约占画面的 1/6；右端则为文字说明，在黑色的背景之上将文字以白色显示了出来。整体效果统一协调，色调与电影主题相吻合。

图 8-34 “铁锈男孩”电影的网页（一）

图 8-35 “铁锈男孩”电影的网页（二）

图 8-36 是一组奔驰汽车的宣传网页，以黑色作为主体色。在首页中，将表现主题的文字置于画面中心，并以高明度灰色辅助表现，突出了主题。在分页中则采用相似的格式，以低明度的蓝色与黑色相融合，以黄色图片突出汽车主体，从而分别表现出了舒适、设计、安全的汽车理念。画面主体鲜明，在给人以稳定、庄重的同时，又不丧失变化性与活跃因素。

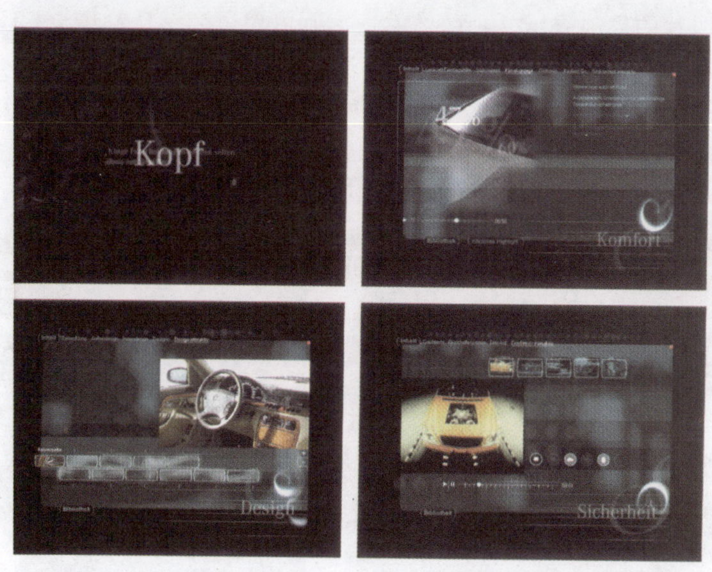

图 8-36 奔驰汽车的宣传网页

图 8-37 是普法室内乐团主页。整体画面以黑色为主色调，同时利用低纯度红色将画面分为左、中、右三部分。画面的左右两部分完全相同，即利用低明度的灰色与暗红色将乐谱和演奏图片融入黑色背景之中，以此来表现网站的主题内容。中部则以高明度的蓝色突出了乐团的名称与标志。整体画面沉稳庄重，又富有热情。

图 8-38 是一个设计工作室的网页。整个网页由无彩色系构成，其中以黑色为主。在整个画面中利用灰色色带将网页分为了上、中、下三部分。上部以黑白为主，同时以解构后的图片进行辅助表现，呈现出一种现代设计风尚。画面中间以高明度的灰色与白色为主，突出了工作室的名称与页面的主体。下部则是通过黑色的背景与白色字体的对比，突出了工作室的宗旨与信条。页面整体给人以时尚、突破之感，具有强烈的辨识性。

图 8-37　普法室内乐团主页

图 8-38　一个设计工作室的网页

图 8-39 是一个小雪茄网页，页面整体以黑色为主。链接页菜单位于页面下方，以红色细线加以区分，而分页内容则以白色文字加以强调。画面的左部是一个女人吸烟的图像，并且利用单色调效果将图像与黑色背景自然融合了起来。画面右部则是产品的展示图片，通过红与黑的对比突出了产品。页面整体呈现出一种神秘、优雅的视觉效果。

图 8-40 是一个个人的摄影作品展示首页，整体以黑色为主。画面左端为不同种类作品的连接，下部为照片的局部展示。画面的右上部则以白色的字体突出显示了网站的主题内容。页面整体给人以专业、个性的视觉感受。

图 8-41、图 8-42 是一组编辑软件的说明网页。它们都以黑色为背景，采用了相似的左右结构。页面左端为各部分内容，右端则是具体的内容说明。页面整体效果为在统一中存在着变化，从而呈现出了一种专业、稳定、现代化的视觉感受。

图 8-39　一个小雪茄网页

图 8-40　个人的摄影作品展示首页

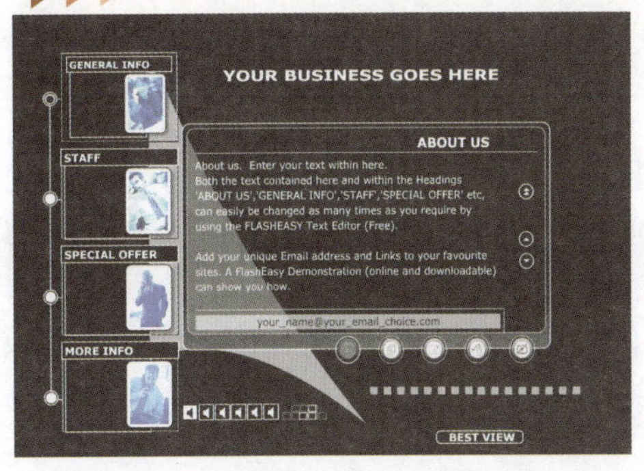

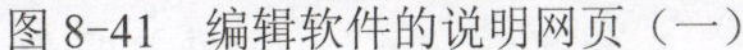

图 8-41 编辑软件的说明网页（一）

图 8-42 编辑软件的说明网页（二）

如图 8-43 所示的网页在黑色的背景下将蓝色的文字以矩阵式排列，呈现出了强烈的现代感与科技性。画面中下垂的文字形成一张神秘的视觉屏障，给人一种神秘感。

如图 8-44 所示这一门户网页通过三维场景中的线型人物模型与场景模型来表现主题，充满了强烈的科技感与神秘感。

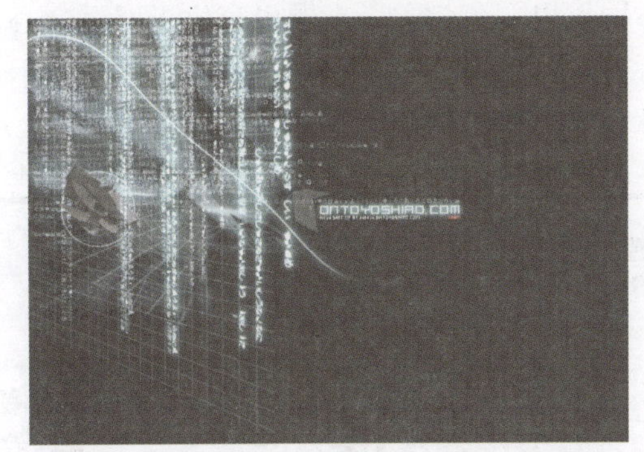

图 8-43 门户网页（一）

图 8-44 门户网页（二）

图 8-45 是 ZOEYE 活动的宣传网页。整体网页以黑色为背景，辅助以红色，配以战火与教堂的场景，表现出了“people living in churches lead warped lives.”的活动主旨。页面整体营造出了一种反传统、激烈斗争、追求解放的氛围，具有强烈的视觉刺激性。

图 8-46 是一个艺术类综合网站，整体画面以黑色为主，通过黑白的翻转运用，突出了主题。

图 8-45 ZOEYE 活动的宣传网页

图 8-46 一个艺术类综合网站

8.5.2 白色主色调的分析

众所周知，白色是由可见光谱中所有色光混合而成的，是包含光谱中所有色光的颜色。白色给人以明亮、干净、清新之感，往往象征着光明、雅致与贞洁。而不同的文化背景对白色也有不同的解读。在西方文化中，白色是结婚礼服的主要色彩，表示爱情的纯洁与坚贞；而在汉族文化中，白色与死亡、丧事、悲哀相关。同时，在我国的语言文学与传统戏剧中，白色则象征着失败、愚蠢、奸邪与阴险。在现代设计中，纯白色常会给人寒冷、严峻的感觉，通常需和其他色彩搭配使用。

图 8-47 是一个游戏爱好者互动网站中的 GT 赛车 3 游戏的主页。页面主要分为上下两部分，上部以白色为背景，约占画面的 2/3；下部则以黑色为背景。在白色背景中，分别以白色和灰色文字标示了网站地址及游戏名称。在黑色背景中，则以单色图片（赛车的局部）与白色文字突出了网页的主题内容。整体画面对比较强，具有强烈的神秘感与速度感。

图 8-48 是三维虚拟现实网站的主页。整体网页以白色为主，主题内容位于网页中心，并以线形三维文字与人物相结合的漫画方式进行表现。分页菜单则以简洁的黑白图标表示，竖式排列，位于画面的右端。整体效果简洁幽默，富有强烈的设计感与个性化色彩。

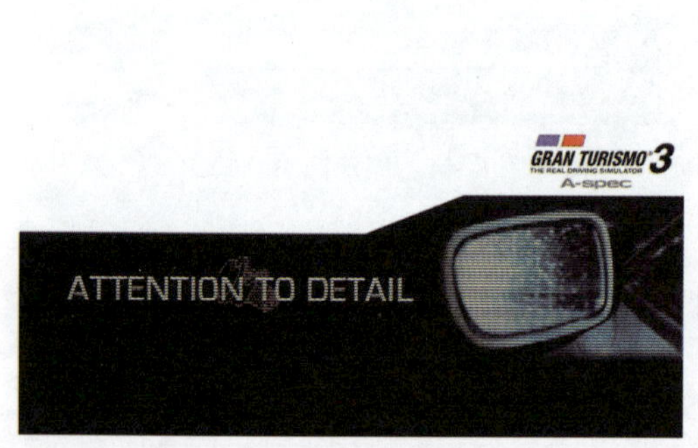

图 8-47 GT 赛车 3 游戏的主页

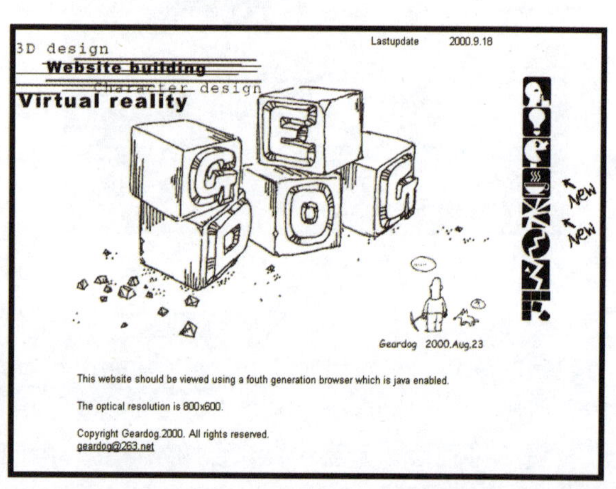

图 8-48 三维虚拟现实网站的主页

图 8-49 辅以多种纯色的网页

如图 8-49 所示的网页以白色为主，辅以其他多种纯色。画面分为三部分，中间以文字为主，且主体文字位于中心并以黑色标示，辅以黄色色块加以对比。左右两边则以滤色后的图片为主。整体效果统一又富有变化，具有强烈的时代感与视觉冲击力。

如图 8-50 所示的网页以白色为主，辅以黑色、灰色与蓝色进行设计。整体用灰色虚线将画面分为三部分：中部背景以灰色线形底纹进行装饰，主题标志与网站名称则以黑色与蓝色进行表现；分页菜单则位于画面下部。画面整体效果简洁，具有强烈的科技感与现代感，与主题相符。

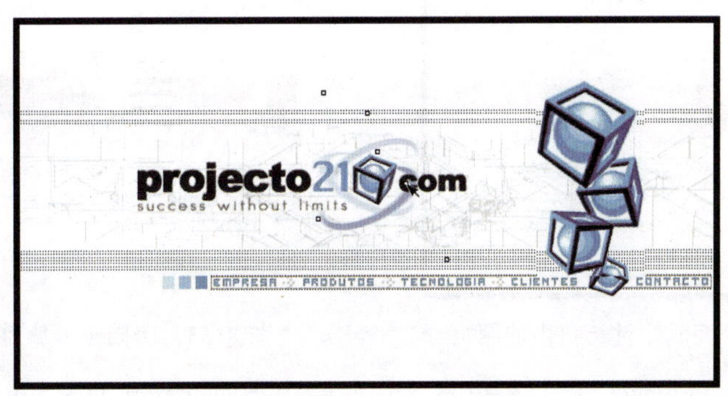

图 8-50　色彩单一的网页

如图 8-51 所示是 Archinect 的网页。该网站以建筑为主，是结合艺术、平面、教育等的综合性、开放性网站。该网页整体画面以白色为背景，辅以灰色的矩形建筑局部图片。在画面黄金分割的位置则以彩色的规整建筑图片竖式排列，顶端标注 Archinect。整体主题突出，寓统一与变化于一体。

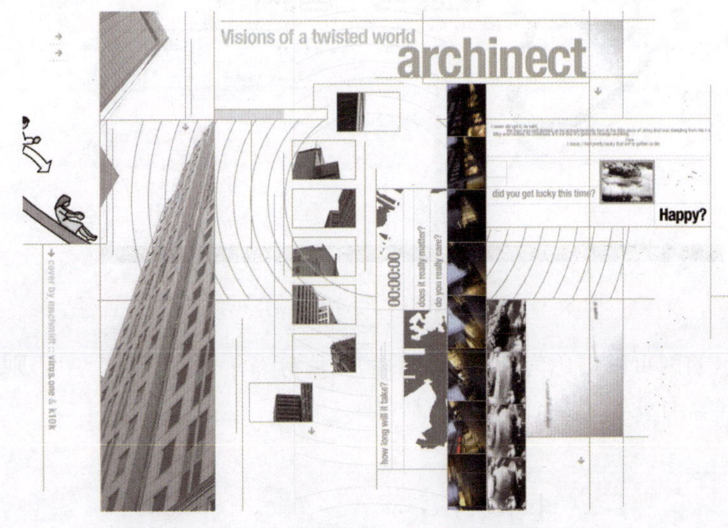

图 8-51　Archinect 的网页

如图 8-52 所示的网页以白色为背景。画面中间色点散乱分布，分别表示音乐、运动、科技、生活等，同时以散乱的线团将它们连接了起来。网站标志位于画面左上角，以黑色对比突出。画面整体充满个性与自由化，具有强烈的随意性与设计感，能够给人留下深刻印象。

图 8-53 是美国汀恩德鲁卡（Dean&Deluca）超市的网页，它主营高级食材。画面整体分为三部分，上下以灰色为主，分别为标题与分页菜单；中间以白色为主，约占画面的 9/10。画面中心分别以图片标示网站主体内容，同时以黑色字体显示出了网站主旨“HOW MAY WE HELP YOU TODAY？”。页面整体效果明亮、整洁，具有时尚与顶级之感。

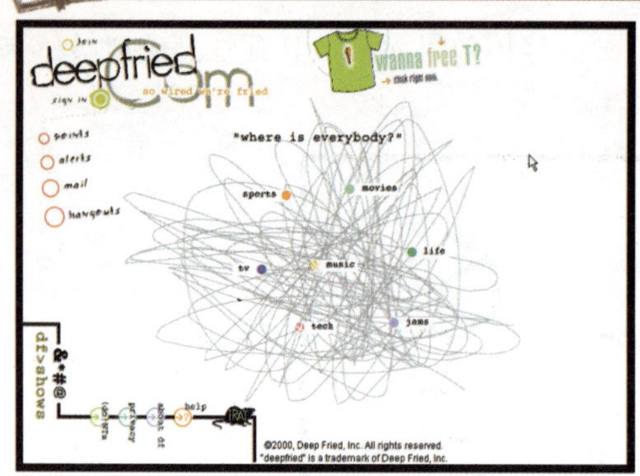

图 8-52 deepfried 充满个性与自由的网页

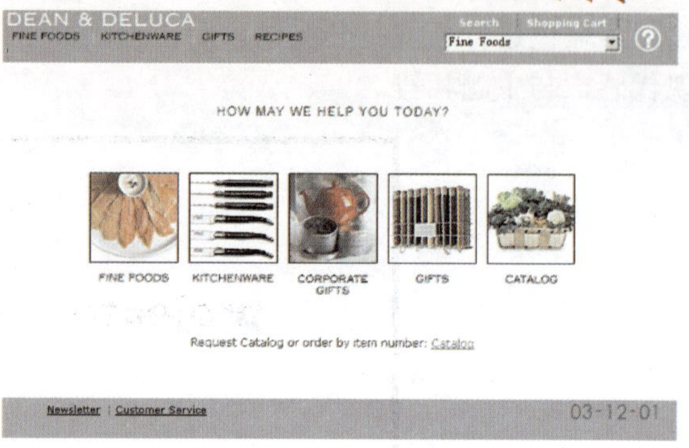

图 8-53 美国汀恩德鲁卡超市的网页

如图 8-54 所示的网页以标尺刻度贯穿，左端用指南针指向西方，以此表示网页主题——“WESTBALI”；右端则以图片标示网站内容。画面整体效果使主题变得明确。

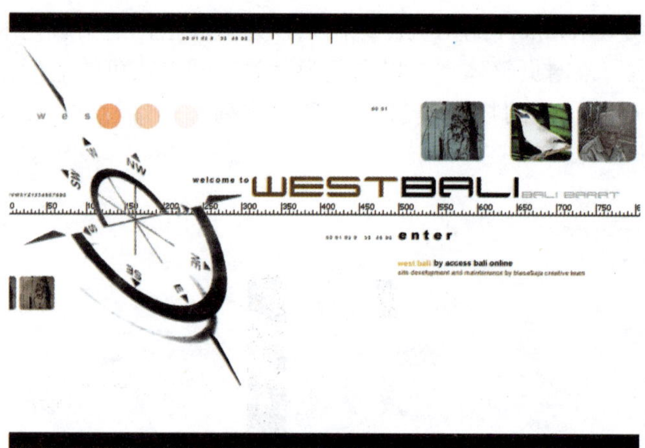

图 8-54 WESTBALI 充满创意的网页

如图 8-55 所示的网页以白色为主，分割后的图片分布于画面四周，中心则以文字标示网页主题。画面整体富有变化，具有强烈的时代感。

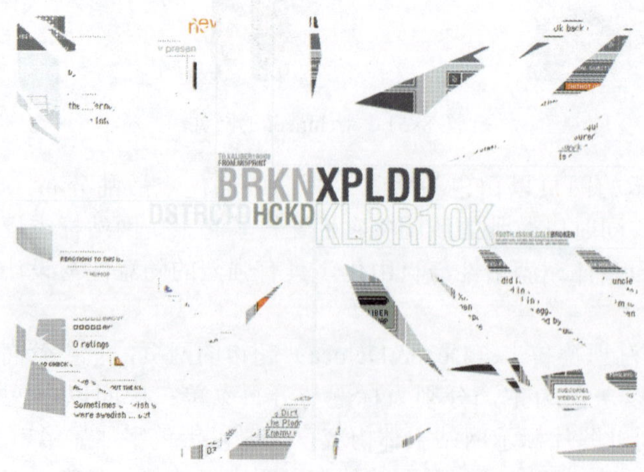

图 8-55 图片富于变化的网页

图 8-56 是惠普一体机的产品网页。画面分为两部分，标题栏以蓝色为背景，文字为白色。分页菜单与产品图片位于画面中心。画面右下方则显示的是产品标识。画面整体效果简洁明确，主题突出。

图 8-57 是 Macromedia 的网页。它以白色为背景，将主题内容置于画面中心，通过蓝色、红色、白色之间的对比来突出了主题。其整体效果突出，具有强烈的视觉冲击力。

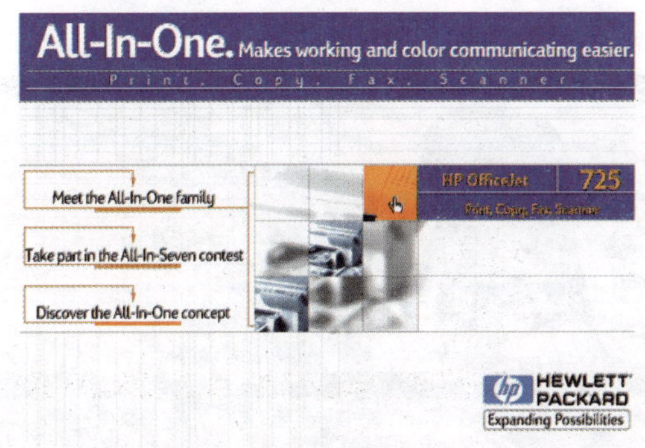

图 8-56　惠普一体机的产品网页

图 8-57　Macromedia 的网页

8.5.3　灰色主色调的分析

众所周知，灰色属于无彩色系，它既没有纯度也没有色相，只有明度的变化。另外，灰色是介于白色与黑色间的中间色，由此往往给人以朴素、中庸、坚毅、稳重的视觉感受。同时，它也具有迷茫、压抑、抑郁的属性。在现代设计中，由于灰度的无色性，通常需要将它与其他色彩一起混合使用，以产生一定的色彩倾向。

图 8-58 是奥迪官方网页。它以灰色为主，辅助以橙、绿、蓝等颜色。其页面设计简洁，结构明确。画面整体体现了奥迪汽车的专业、稳重的形象。

图 8-59 是 CEPAC 营销公司的网页。画面主体以紫灰色横向底纹为背景，辅以高楼的剪影。标题栏则以白色为主，以灰色字体标示网站名称与分页菜单。其整体效果简洁、明亮，体现出强烈的亲和力和专业性。

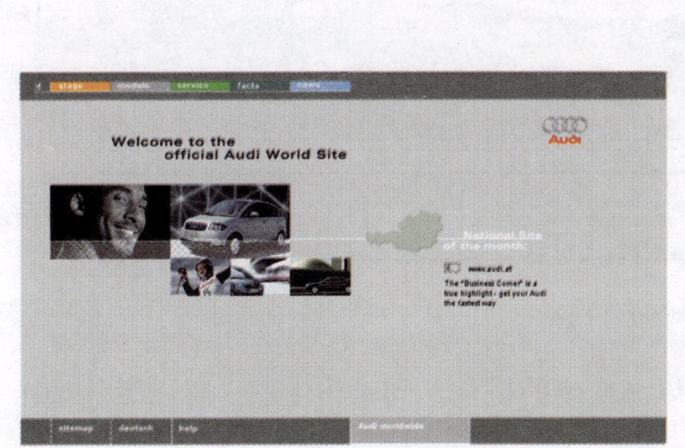

图 8-58　奥迪官方网页

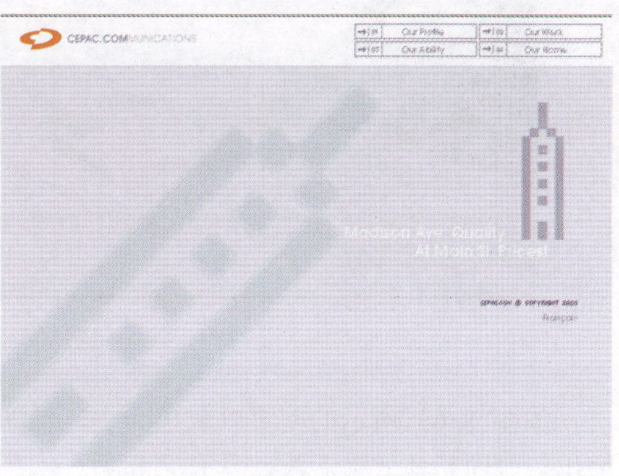

图 8-59　CEPAC 营销公司的网页

图 8-60 是一个设计师的个人网站。整体网页以灰色为背景，以左端渐变图片为起始，利用手绘的文字标示分页链接。画面整体充满强烈的个人色彩与风格，具有艺术性与设计感，能够给人留下深刻的印象。

图 8-61 是沙宣产品的网页。整个画面以中性明度的灰色为主，以低纯度的红色贯穿其中。同时，它对独具代表性的美发效果图片进行了突出展示，形成了视觉焦点。画面整体给人以专业、时尚、独具特色之感。

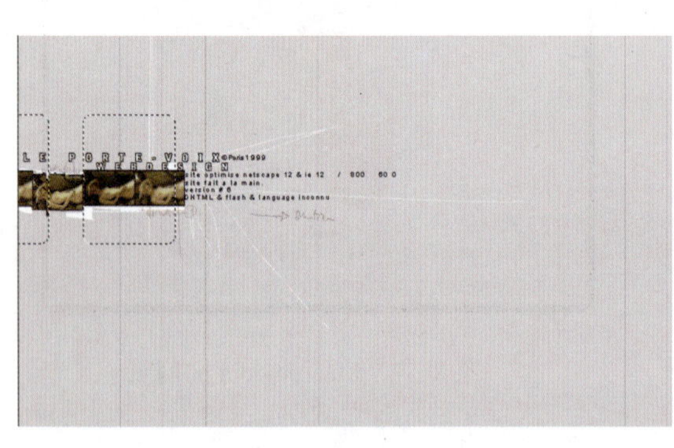

图 8-60　一个设计师的个人网站

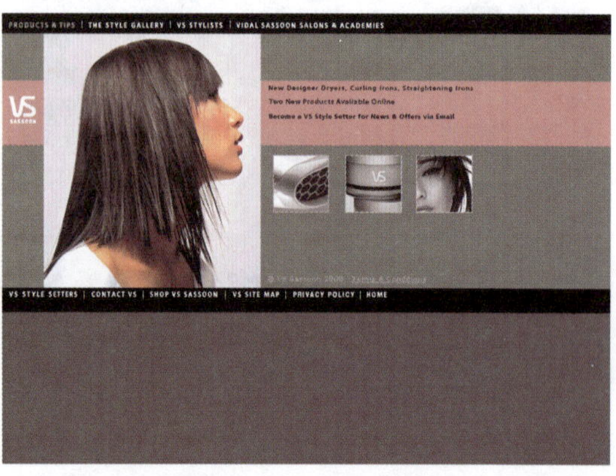

图 8-61　沙宣产品的主页

图 8-62 是一个设计网站。整体利用灰色色条将画面分为三部分。中间以高明度的蓝灰色为主，构建了一个科幻的虚拟场景和标志图形，并将网页主题以低明度颜色标示了出来。画面整体充满立体感与科技感，具有视觉冲击力。

图 8-62　一个设计网站

如图 8-63 所示的网页以灰色为主，辅助以高明度的橙色，同时将主题内容以黑色对比突出。画面整体效果活泼，具有亲和力。

图 8-63 以高明度的橙色突出主题的网页

如图 8-64 所示的网页分为两部分，主体以低明度的蓝灰色渐变为主。同时，该网页将虚拟的机械人像置于画面左上部，文字则以高明度白色显示。画面整体充满神秘、虚幻、幽暗之感。

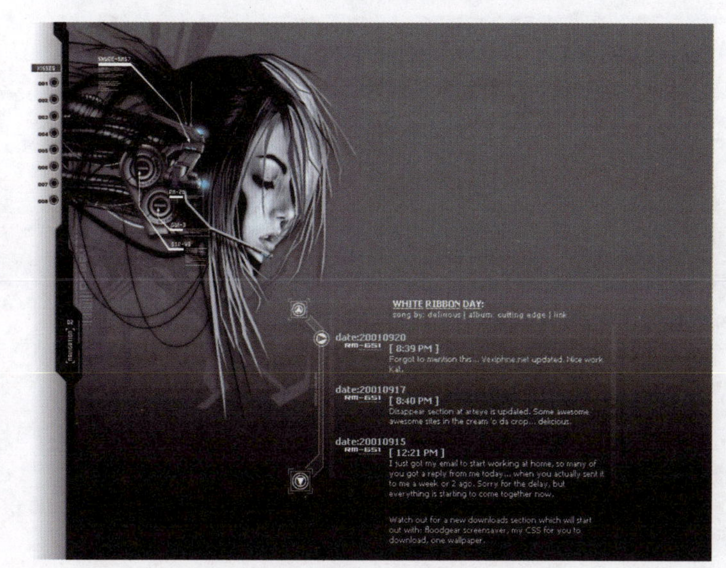

图 8-64 以低明度的蓝灰表现主题的网页

8.5.4 蓝色主色调的分析

蓝色是色光三原色之一，属于波长较短的光波。蓝色通常可让人联想到海洋、天空、宇宙等，具有纯净、清澈、安详与广阔的表现性。同时，由于蓝色沉稳的特性，其又具有理性、准确的意象，在商业设计中，它往往用于强调科技、效率的商品或企业形象。另外，在西方文化中，蓝色又具有忧郁、悲哀的含义。

图 8-65、图 8-66 是一系列的 VH1 在线网页。VH1 是 MTV 全球音乐电视网的音乐电视频道，其在线网页采用相似的骨格结构，主要以低明度蓝色为主色调。在其首页的上方以贯穿画面的横线将网页分为了上下两部分。在上部以深色的大号字体显示“VH1 online”，同时辅以网站标志。在下部则以文字与图片相结合的方式，对网站包含的主要内容进行了说明。系列中的分页分别体现了不同的主题内容——音乐新闻、歌曲在线、音乐讨论等。其画面结构与主页相似，同时以蓝色的对比色橙色来对标题进行了重点标注。画面整体使人感觉理性、经典、专业，同时又具有一定的时尚性与现代感。

图 8-65　VH1 在线网页（一）

图 8-66　VH1 在线网页（二）

图 8-67　个人网站的关闭启示

图 8-67 是个人网站的关闭启示，网页以灰蓝色为主色。在画面的 3/5 处用红色色条与暗色人物剪影将网页分为左右两部分，中间以白色文字竖式显示网页主题。画面左部以较高明度的文字说明网站暂时关闭的原因及内容，并以高纯度红色色块强调链接位置。右端则是联系方式预留区。画面整体色彩运用对比较强，具有强烈的视觉冲击力；画面构成则相对自由与个性化，具有现代设计感。

如图 8-68 所示的网页以深蓝色为主色调，以此表现出了科技与高效的企业形象。

图 8-69 是一个营销服务机构的网页，它主要为客户提供创造性的市场营销方案。网页整体以深蓝色为主，中心以黑白色的图底反转强调主题。整体画面围绕中心色块以细线进行分割，左下方以纯色的红、绿、黄小色块标注出链接分页。画面整体给人以理性、专业、广博的感觉，同时加以纯度较高的彩色色块辅助表现，体现出了活跃、多彩的创意性。

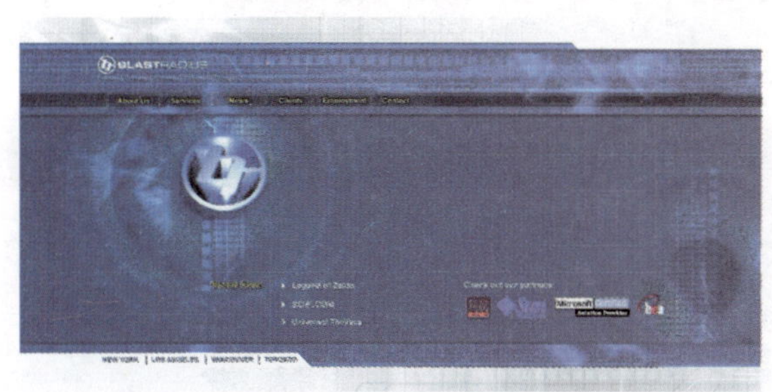

图 8-68　利用蓝色表现高科技的网页

图 8-69　一个营销服务机构的网页

如图 8-70 所示的网页以明度不同的蓝色将画面分为三部分，中间以高明度白色标注网站地址与主题内容，同时辅助橙色加以强调；下部分为分页菜单，以白色标示。画面整体效果简洁、协调，同时又富有对比与变化，具有强烈的辨识性。

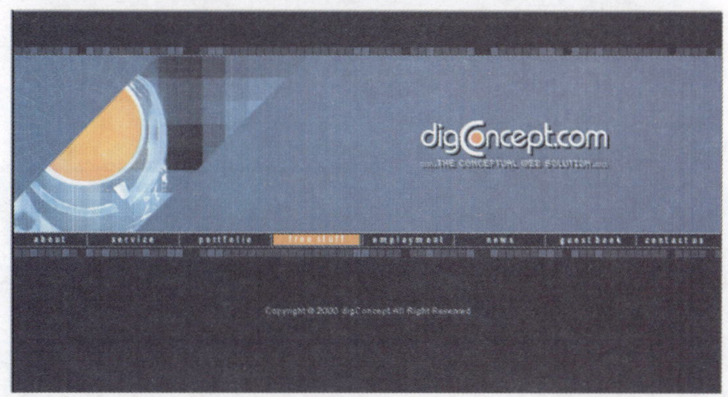

图 8-70　三种不同蓝色表示不同内容的网页

图 8-71 是数码动力的首页。网页以渐变的蓝色为背景，标志与主题文字则位于画面中心呈成角透视。同时，该网页赋予标志与文字以水晶材质。整体画面呈现出一种时尚的科技感，具有强烈的数字艺术性。

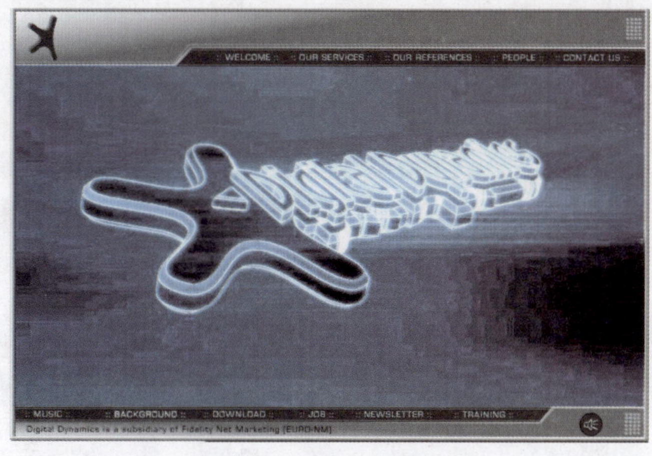

图 8-71　数码动力的首页

图 8-72～图 8-76 是移动频道网络服务主页与链接页，以蓝色为主。主页以明度不同的蓝色将画面分为两部分，中间用白色色条贯穿，主题文字与标识则用高纯度的红色与黑色进行突出。链接页则采用相同骨格，对音乐频道、体育频道、技术支持等进行了分别说明。网页的整体设计在统一的基础上又富有变化。

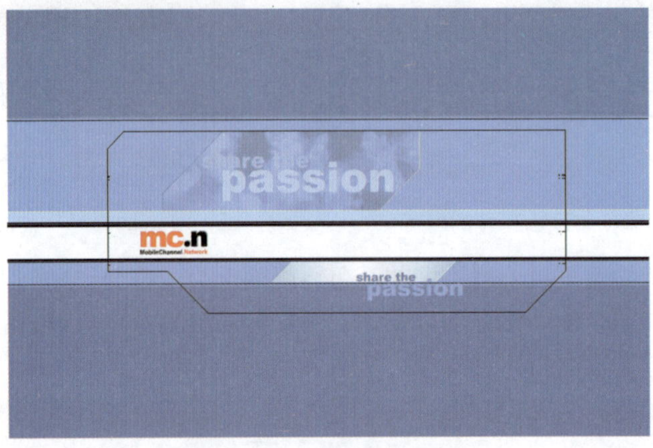

图 8-72　移动频道网络服务主页

图 8-73　移动频道网络服务链接页（一）

图 8-74　移动频道网络服务链接页（二）

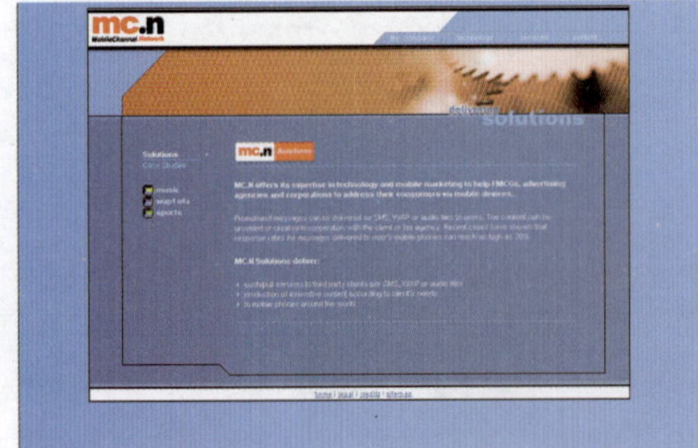

图 8-75　移动频道网络服务链接页（三）

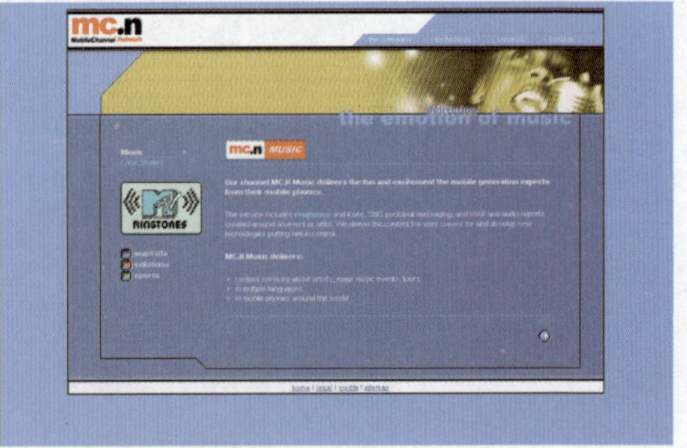

图 8-76　移动频道网络服务链接页（四）

图 8-77 是 MTF 公司的瑞士主页。其按照黄金比例将画面进行了分割，上部约占整体的 1/3。同时，该网页以不同明度的蓝色进行了区分，并用渐变的网格将上下部分进行了视觉连接。而网页主题与辅助图片则以无彩色系为主，与背景进行对比，以此突出效果。整体画面简洁，给人以专业、高效的视觉感受，符合公司 IT 业的服务宗旨。

图 8-78、图 8-79 是宝丽金（POLYGRAM）网页的蓝色系列。这一系列网页与其他系列的结构一致。首页色调以高饱和度的蓝色为主，标题文字则用白色进行了突出。分页画面则以同色系低纯度的灰蓝色为主，其色彩在与首页区分的基础上又具有相似性。画面整体使人感觉华丽而协调。

图 8-77　MTF 公司的瑞士主页

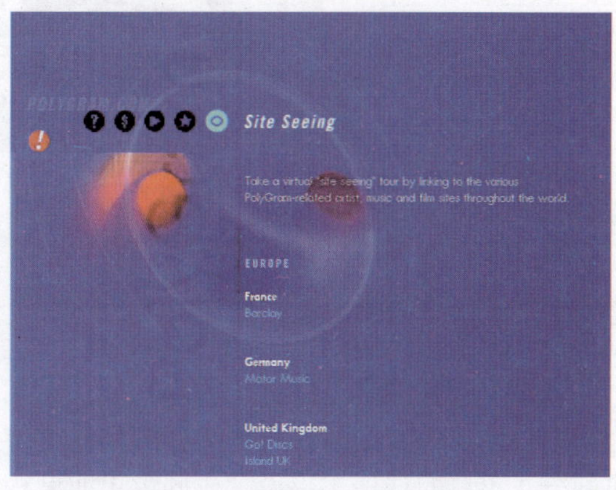

图 8-78　宝丽金网页的蓝色系列（一）

如图 8-80 所示这一网页以蓝色为主色调，用不同明度的蓝色变化营造出了虚幻、神秘的背景氛围。同时，它以超现实的人像作为表现主体，其整体对比强烈，具有强烈的表现性与刺激性，给人以神秘、科幻的视觉感受。

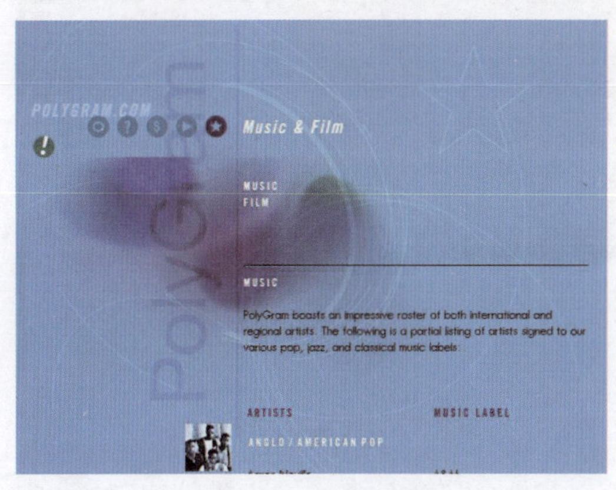

图 8-79　宝丽金网页的蓝色系列（二）

图 8-80　富于虚幻、神秘、刺激、科幻的网页

8.5.5　红色主色调的分析

从色彩心理学上讲，红色是具有比较复杂的情感因素，可以使人联想到太阳、红旗、

血液、火焰、温暖、喜庆、危险、禁止等。红色是光谱中波长最长的色光，最易引起人们的注意。当红色处于高饱和状态时，可以刺激人们的兴奋感，促使血液循环加速；当红色处于低明度的状态时，会带给人以稳重、消极、悲观的感觉。

如图 8-81 所示这张网页的背景为红色，在该红色背景的衬托下更增强了画面的恐惧、惊悚感。

图 8-81　鲜红的“Fear”紧扣主题

图 8-82 为可口可乐的主页。大面积的红色给人以强烈的视觉冲击力，使人能感受到在炎热酷暑喝下可口可乐瞬间体内所迸发出的兴奋感。倾斜状的可乐瓶口，瓶盖上放大特写的 LOGO 与喷溅出的可乐，给整个画面赋予动感。画面中间偏下部分是动态循环的视窗，每个小视窗里放置的是可口可乐的广告片。在字体色彩设置上，该网页为了强调突出的文字选择了白色，白色文字与红底色的搭配是易见度最强的搭配。为了画面整体的协调统一，它还将部分子菜单的选项文字设置成同色系明度稍高于底色的红色，以示区分。

图 8-83 是视觉中国的首页，整个网页在版式上一分为二。占据整个画面 2/3 的面积选择了饱和度较高的红色，另外 1/3 的面积选择了白色。红色对于中国人而言是喜庆、吉祥、幸福的象征。

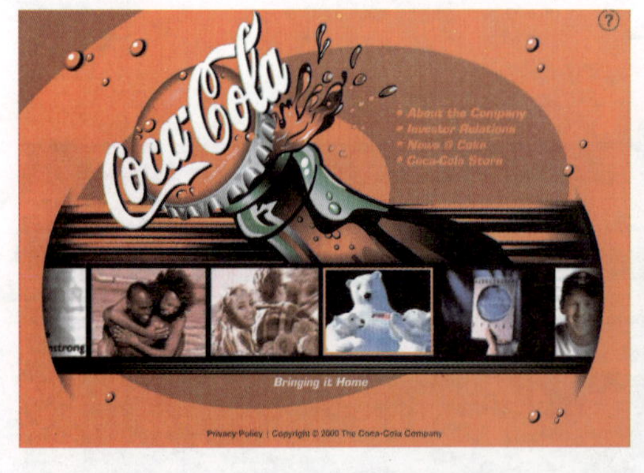

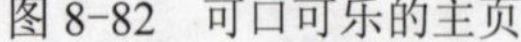

图 8-82　可口可乐的主页

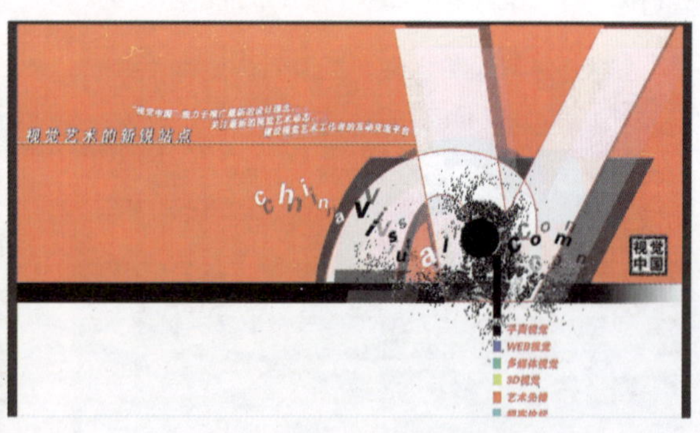

图 8-83　视觉中国的首页

视觉中国作为中国设计先锋网站，充分考虑到了中华民族的特点。它借助网页这一特殊的宣传窗口，将“中国红”这一特有的中国文化宣传到了世界各地。它之所以选择白色与红色的对比，是因为在色相上充分考虑到了这两种色彩的对比效果。红色和白色虽是互成对比的两色，却可自然地结合到一起，红的背景上设计的白色文字和层叠交错的英文极具设计感。网页下半部分的白色背景，又巧妙地将红色与网站子菜单结合了起来。整个网页设计充分考虑到了中国文化，巧妙运用了平面设计中的色彩、面积对比，而在对比中又适时地考虑

到各元素间的呼应，从而做到了“你中有我，我中有你”。

图 8-84～图 8-86 是一组国外艺术类综合网站。它们在版式排列上比较相似，其页面顶部的白色将子栏目与整个页面区分开来，便于查找。图 8-83 选择了大面积的红色作为背景色，适度调整了红色明度及纯度，减弱了大面积红色在视觉上的强烈刺激感。而小面积的黑色文饰与红色形成了对比；红色面积上的白色文字、黑色花纹与红色背景形成了对比；红色背景与顶部的白色栏目条形成了对比。图 8-84 在灰色背景色的基础上，将几何图形与明度（深浅）不同的灰色设计在一起，增强了画面的立体感。页面中间的红色文字强烈而舒适，突出了主题，是画龙点睛之笔。与之前的两幅图不同的是，图 8-85 在黑色背景的基础上将图片与文字分解打散重构，并以黑色与红色的搭配使用，从而加强了视觉上的冲力，突出表现了主题。

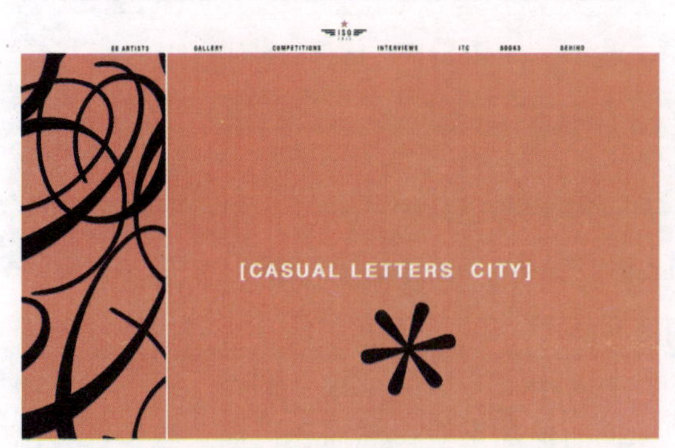

图 8-84　国外艺术类综合网站（一）

图 8-85　国外艺术类综合网站（二）

图 8-86　国外艺术类综合网站（三）

图 8-87 是一个国外设计工作室的主页。该网页的设计师尝试了大胆的设计手法，全篇仅使用了两种色彩——红色与白色。纯度偏低的红色近似于橙色，从而降低了视觉上的刺激；白色文字配上粗细不等的横线，增强了画面的动感；右上角的爆炸底纹设计，营造了视觉上的冲击力。

图 8-88 是一个国外的设计网站，页面整体选择了女性喜爱的玫红色为背景色。为了减弱视觉上的冲击力，画面的 1/2 为玫红色，另外 1/2 做了分割的设计。独特的分割设计，将若隐若无的背景图片放置在若干条形色块之后，两者相互叠加，从而增添了画面的神秘色

彩。浅色文字是页面的大致分类，而深红色小文字是可点击的子栏目菜单。整个页面不论是版式的设计，还是色彩与图片的选择都偏重于女性群体的喜好，整体设计幽雅、迷人。

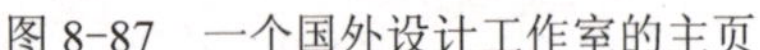
图 8-87　一个国外设计工作室的主页

图 8-88　国外的设计网站

8.5.6　黄色主色调的分析

黄色是光谱色中明度最高的颜色，具有良好的可视性，可以使人联想到太阳、光芒、金钱等。从世界范围来看，各地区对黄色的认同度也不尽相同，黄色在具有希望、幸福和愉快等正面的象征含义的同时，还有危险、注意、警示、不安等的象征性。例如，在中国、印度和马来西亚等国家，黄色被视为高贵与权力的象征而倍加推崇；然而在伊斯兰教中，黄色则代表"死亡"。

图 8-89～图 8-91 是一组以外太空为主体的媒体实验网页，整个网页色彩以黄色系为主，采用橘红与橘黄的搭配为辅。在其首页中，以橘红色为主色，将主题形象置于页面中心，并且以高明度的橘黄色加以划分与突出，具有强烈的视觉冲击力。其他页面则以橘黄色为主调，以橘红色为辅助，以与主页区分。同时，以太空舱门的造型形式构成了网页骨架，再用简洁的方形按照不同内容进行区域划分，从而形成了规则整齐的排列形式。画面整体设计在统一之中又富有变化。

图 8-89　媒体实验网页（一）

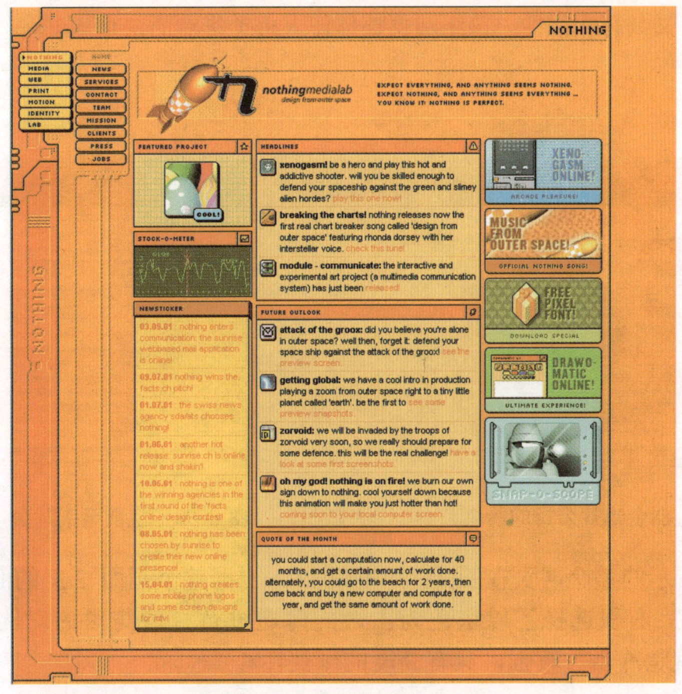

图 8-90　媒体实验网页（二）

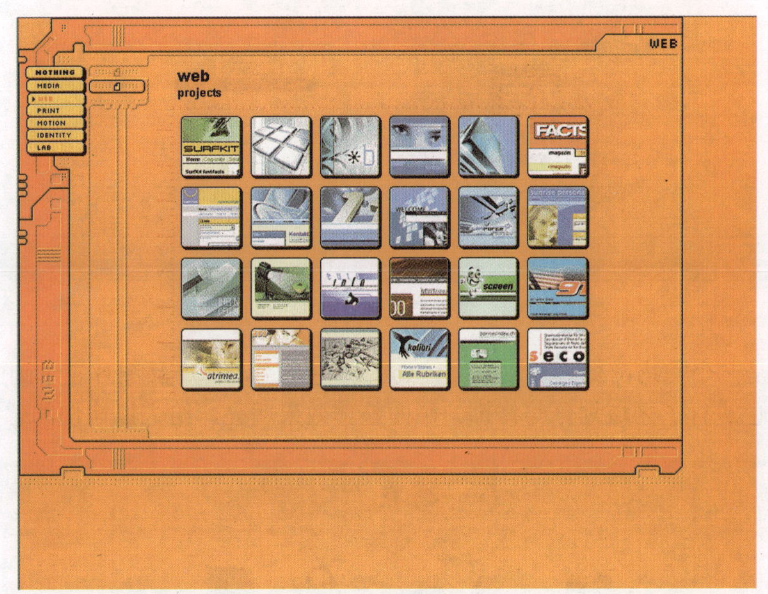

图 8-91　媒体实验网页（三）

图 8-92、图 8-93 是全球著名的宝丽金（POLYGRAM）唱片公司的一组网页。这一系列网页按照黄金比例将画面分为左右两部分，左端约占画面的 1/3。首页色调以饱和度较高的橙色为主，在画面左上部运用橙色的对比色蓝色强调了宝丽金网址，同时在字体周围以高明度的黄色进行了装饰。其页面的主体内容则以最高明度的白色文字进行表示，并将其置于画面中心位置；而分页画面则以同系列低纯度的颜色为主，文字内容则以低明度的红色为主，其色彩在与

首页区分的基础上又具有相似性。该组网页整体使人感觉华丽而协调。

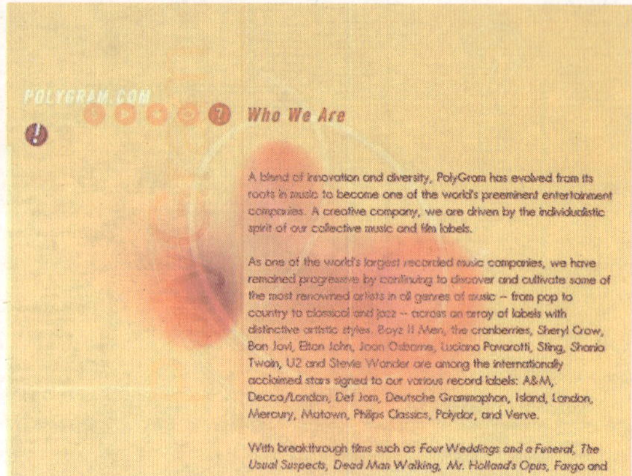

图 8-92　宝丽金唱片公司的网页首页　　图 8-93　宝丽金唱片公司的分页页面

如图 8-94 所示的整个网页在版式上一分为二。占据整个画面 2/3 的面积选择了明度较高的黄色，另 1/3 面积选择了以灰色为主，同时通过黄、蓝与黑的对比，突出了主题内容。画面整体的视觉冲击力较强，具有高度的可视性。

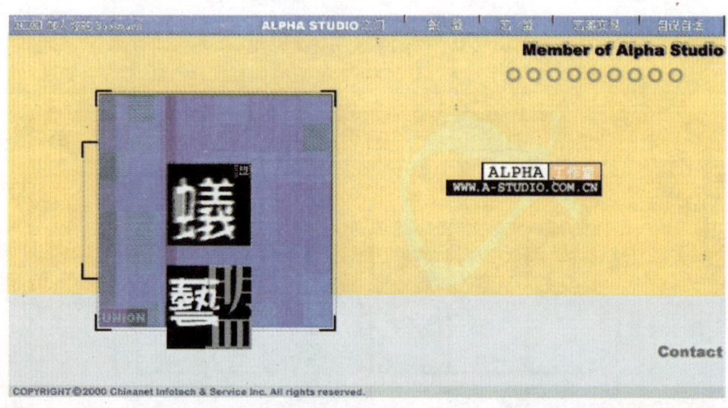

图 8-94　黄、蓝、黑三色对比的网页

图 8-95 是一个购物网页。它以明度较高的黄色为主，将产品图片置于画面 1/3 处，并以同色系的橙色进行了区域划分与修饰。画面整体效果明亮，给人以愉快的感觉。

图 8-95　一个购物网页

如图 8-96 所示的网页以低纯度的黄色为主，运用黄色与红色的过渡形成主体色调，文字则以高明度白色进行突出。其整体设计充满科技神秘性与现代感。

图 8-96 低纯度黄色调网页

8.5.7 综合赏析

图 8-97、图 8-98 是一组欧洲知名高档综合卫浴品牌 Vitra（威达）的网页。网页保持了统一的设计风格，即用色块来划分整个页面空间。图 8-97 是网站的首页，黑色背景上的橙色格外醒目，白色的 welcome 和橙色色块给人以温暖的感觉。其简单的设计，正像公司所生产的卫浴产品一样干净、简洁。图 8-98 是 Vitra（威达）网站的子页面，依然秉承了简洁的设计风格，比例适中地对页面进行划分，再配以明度较低的几种色彩，从而给人以舒适感。该组网页根据不同的需求，将图片、文字安排到色块之中，使得整个画面和谐、统一。

图 8-97 Vitra 的首页

图 8-98　Vitra 的子页

图 8-99、图 8-100 是国际化妆品牌 REVLON（露华浓）的一组网页。它们的页面中适度的留白使整个页面给人以清爽、干净的感觉。图 8-99 选择了横向的排版设计，整个页面被上下平分为一半图片和一半文字。其中天蓝色的 LOGO 与蓝色图片的搭配相得益彰，而在另外一半中，三组图片引导下的文字秩序感强，井井有条。图 8-100 在版式上做了纵向的设计，两边的留白增强了画面的纵向延伸感。其在内容上以板块的形式进行展示，交错设计的文字和图片不仅在色彩上形成了对比，连图片与文字板块大小上也形成了一定的对比，从而使整个页面看上去不呆板，有活力。

图 8-99　REVLON 的横向设计

图 8-100　REVLON 的纵向设计

图 8-101 是一组介绍书籍的网站。该页面风格一致，均以黑色与橙色交叠为页面底色。虽然它们的底色设计相同，但在个别地方还是做了细节上的处理，如第一张的左上角就与其他几张不同。整个网页在板式设计上条理清晰，子目录安排明确，且网页间的设计较为统一，便于读者查阅。

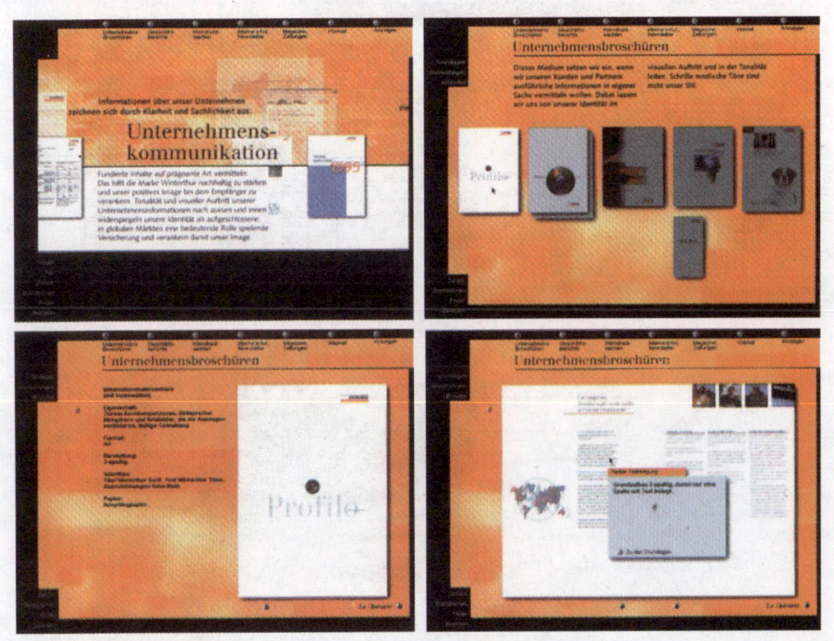

图 8-101　书籍介绍的网站

图 8-102～图 8-105 这一组网页具有强烈的现代感，个性十足，符合当今年轻人的审美观。在该组网页中，右侧的 LOGO 条不同于其他网站的横向设计，垂直的设计与整个画面形成鲜明的对比，有一定的反差感及错视效果；网页在色彩上以蓝灰色调为主，放大的文字及层层叠叠的图形设计与当今年轻人追求的“非主流风格”颇为相似。该组网页的若隐若现的文字排列，忽大忽小的图形，增强了画面的视觉冲击力，可以更好地迎合年轻人的视觉喜好。

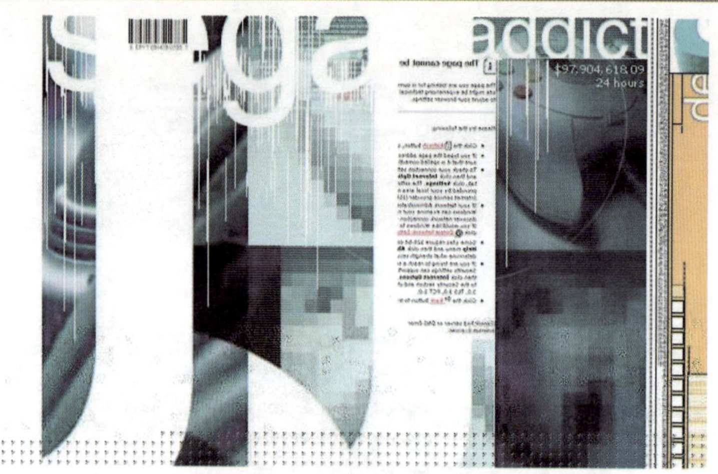

图 8-102　某网站主页

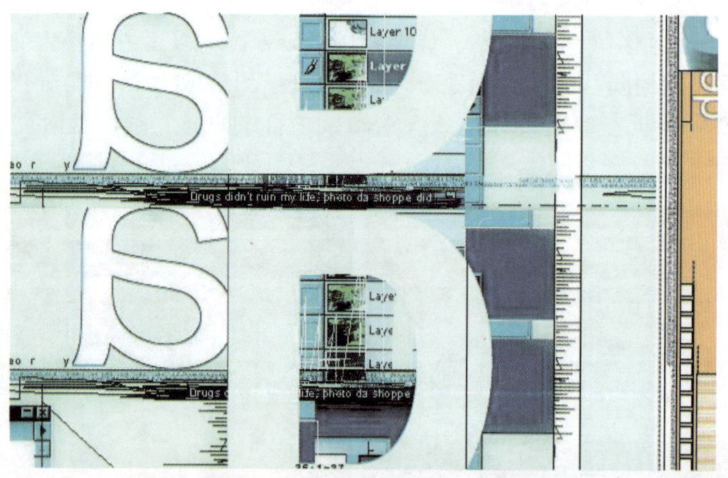

图 8-103　图像处理链接页

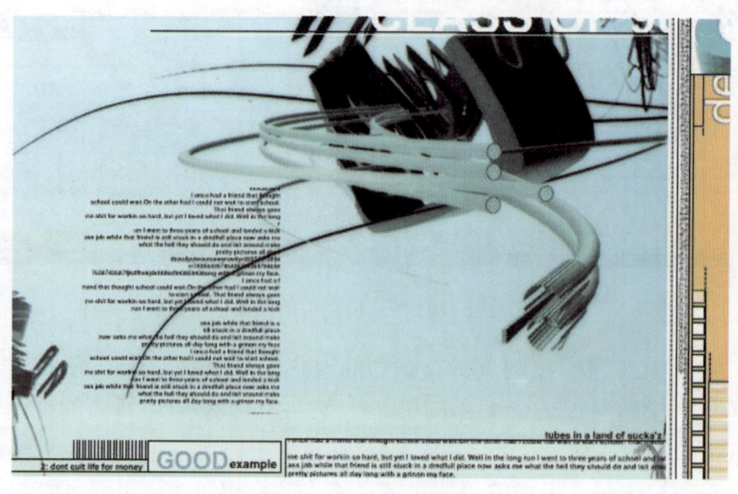

图 8-104　产品设计链接页

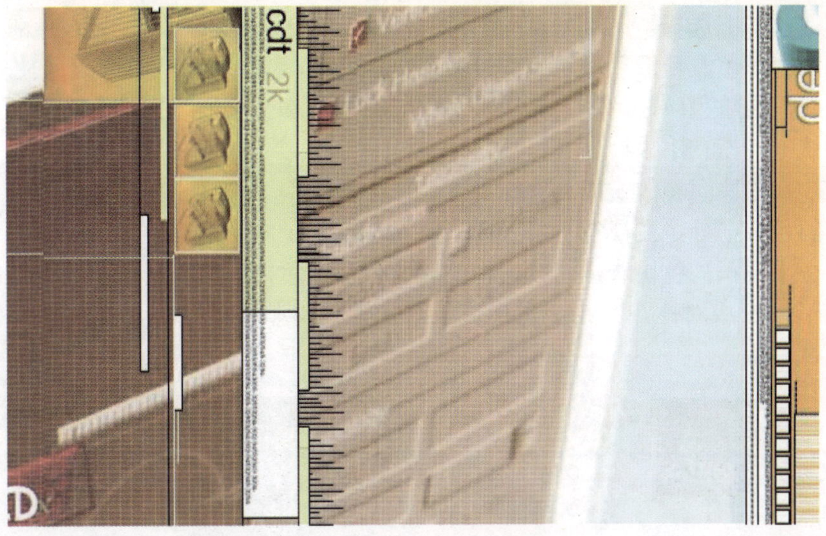

图 8-105　建筑建模链接页

图 8-106 是一个国外个人博客的主页。画面当中的人物就是该博客的主人。她侧卧的照片与页面中粗细不同的黑色折线结合，增强了页面的透视效果。由于页面的背景和主人的穿着多是白色，所以无论是黑色的线条还是黑色的文字在整个页面上都比较突出。该页面在字体上虽选择了简单的黑体，却在大小和色彩表现上进行了处理，使得整个画面的文字看上去井然有序。

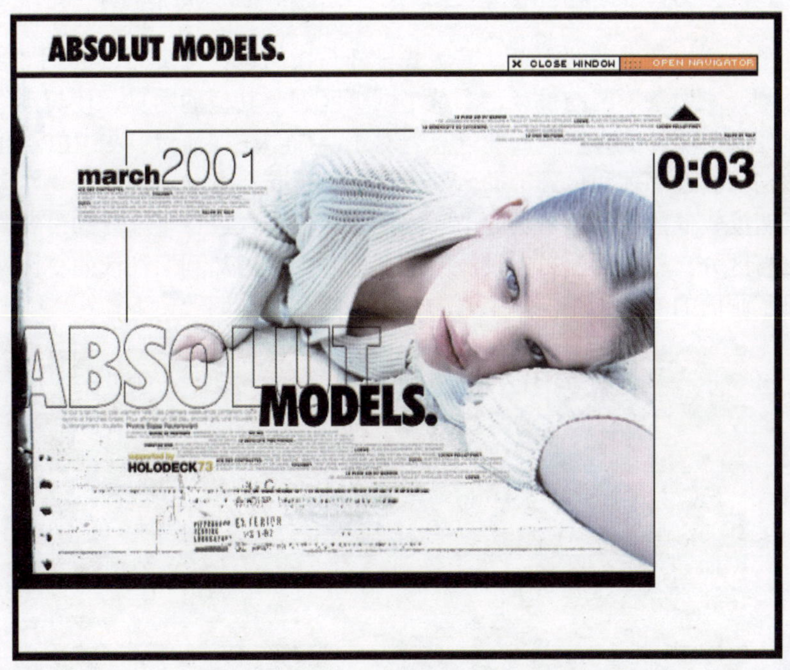

图 8-106　一个国外个人博客的主页

图 8-107、图 8-108 是一组介绍美容产品的网页，两个页面的设计风格相同，均是将页面用三组色块进行了分割。在图 8-107 的三组色块中，中间的小色块是产品的 LOGO 及创

始人的形象，色彩上选择了比较稳重的黑色；其他两个色块的面积相等，在色彩设计上选择了较为柔和的粉红色及粉绿色，符合女性的审美。两组英文词组分别对称地安排在两组色块上，相互呼应。两组色块在色彩上形成了对比，在面积和文字安排上较为统一，从而使得画面整体效果统一均衡且不呆板。

图 8-108 在色块面积的安排上选择了 1∶1∶4 的比例。同样是色块的分割，该页面打破了图 8-107 的色块平分，在视觉上给人以稳定感，增强了画面的动感、活泼感。而在色彩的设计上，两个小面积的色块选择了较沉稳的灰蓝色及黑色，大面积的色块还是保持明快的粉绿色。一深一浅形成对比，大小上也形成了对比，使得整个画面虽只有文字，但并不显单调、呆板。

图 8-107　介绍美容产品的网页（一）

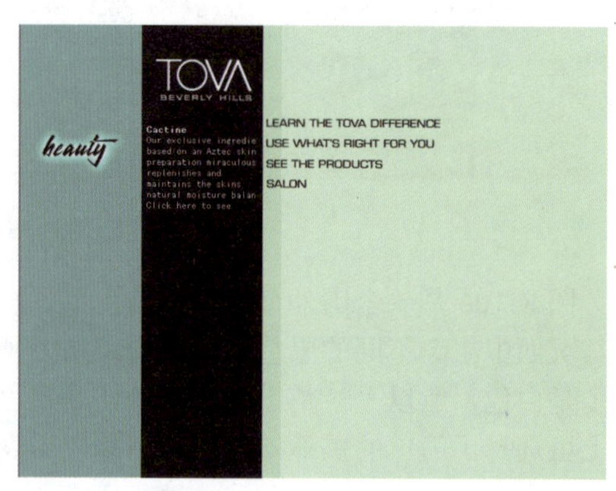

图 8-108　介绍美容产品的网页（二）

图 8-109 是一个设计网站的主页。其版式设计为横向设计，页面以 2∶1∶2 的比例进行了面积上的分割。左边条形码的设计，令整个网页区别于其他的网页，使其不像网站而更像是商品，从而使整个网站更具现代商业气息。对于 ACTIVE（活泼）& REPOSE（安静）这两个单词，该网页通过字体和色彩上的区别设计来体现其在意义上的不同。在色彩设计上，该页面选择了明度较低的粉绿色，页面中间的色条在色彩上进行了渐变的设计，与上下的绿色形成了对比与区分。整个页面虽然设计简单，色彩单一，却利用深浅的交错及色彩的渐变效果，体现出了画面的层次感，丰富了人的视觉效果。

图 8-109　一个设计网站的主页

图 8-110 是一个国外关于花卉的综合网站。该页面在版式上做了纵向的框架设计。对于一般的框架设计而言，处理不当会给人以呆板、无趣的感觉。而这个网页使用了风格统一的花卉图片和色彩统一的区域栏目等，使网站看起来统一、生动。

图 8-110　一个国外关于花卉的综合网站

图 8-111 是一个音像、书籍的购物网站。购物网站的设计基本上是以框架结构为主的，因为这种设计方式便于产品的介绍和展示。页面的顶端蓝色 LOGO 在白色背景的衬托下格外醒目，LOGO 下面是红色的栏目条，红色栏目条与白色文字的搭配清晰明了，便于查找。右边 4 个圆圈分别表示 4 个快捷方式。页面大致被横向分成了三大块，每部分又有若干的分割，通过色彩条目和线条的区分，使得整个网页看上去统一且结构明确。

图 8-111　一个音像、书籍的购物网站

图 8-112 也是一个国外综合网站。该页面文字较多，因此用灰色的虚线进行了页面的划分，以便于阅读。为了将文字与图片区分开来，该页面分别选择了白色和灰色两个色彩作为

文字与图片区域的背景色彩。整个页面结构清楚，不杂乱。

图 8-112　一个国外综合网站

图 8-113 是一个综合网站的网页，其颜色运用对比强烈，即整个页面在色彩上选择了互为补色的紫色与橙色。通常补色被认为是比较难处理的色彩。但对于相反色系两色的搭配（即所谓橙配紫、红配绿、蓝配黄），如果处理得好，效果会很抢眼。正如这个网站，橙色与紫色的搭配，使该页看起来生动、活泼。

图 8-114 是一个设计资源网站，用于提供设计资源、帮助等。黑色的线条对网页的空间进行了划分，空间内是简单的文字说明与彩色条目，部分子目录还用黑色细线条及彩色色块做了标注以示区分。由于是资源网站，所以该网页在设计上采用了很多的子目录、下拉菜单和快捷键，便于人们快速查找所需要的资源项目。该网页在设计方面强调了操作便捷及功能性完备。

图 8-113　一个综合网站的网页

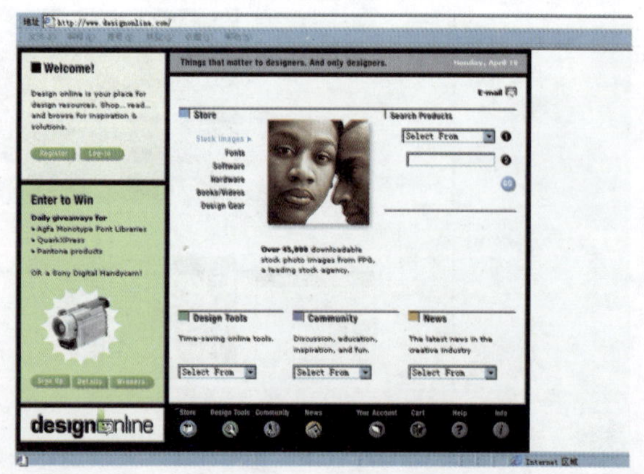

图 8-114　一个设计资源网站

图 8-115 是一个设计公司的网站。画面一分为二，一黑一白的设计增强了页面的视觉冲击力。页面中间部分的“V”图形不仅将图片与文字很好地结合了起来，还代表着公司对待

每个客户、每个设计方案的诚心。其“一语双关”的设计构思，不仅考虑到了网页的视觉效果，还把公司的公关理念渗透其中，使其成为一个很好的网页。

图 8-116 是世界顶级汽车捷豹 （Jaguar）的网页。页面设计简洁，版式设计类似于宣传手册，文字较多。值得一提的是它的菜单目录设计。由于其版式设计较简单，所以菜单目录划分细致，每个目录下又有 2～3 个子目录。为了方便查阅，每套菜单目录都有所属的色彩，便于区分。该页面设计条理清楚，目录明确。

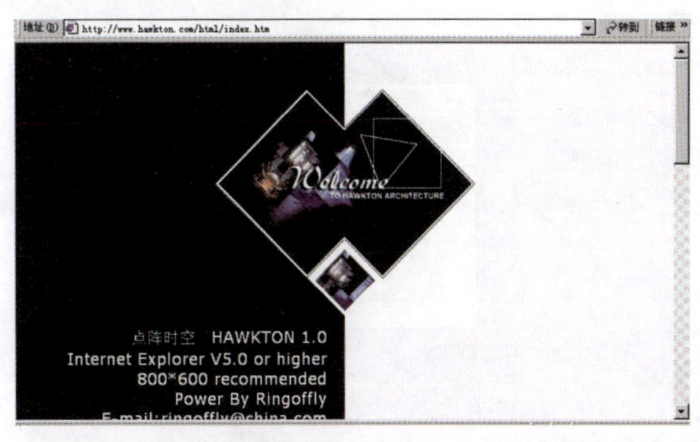

图 8-115　一个设计公司的网站

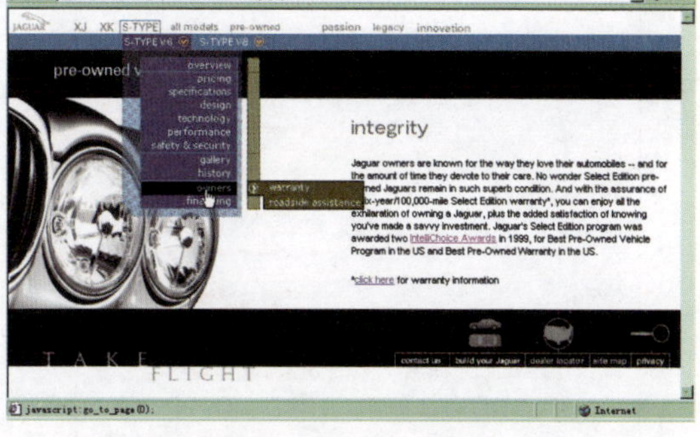

图 8-116　捷豹的网页

图 8-117～图 8-120 这一组网页均采用了竖版的设计。竖版的设计打破了网页横向设计的固定模式，使网页看起来更像是刊物。在色彩设计上，这组网页的每一张都是以一种色彩作为基础色的，无论是背景、栏目选项还是文字，都选择这种色彩作为基本色调，这样配合整个页面的版式，使得整个页面看上去更加完整、统一。

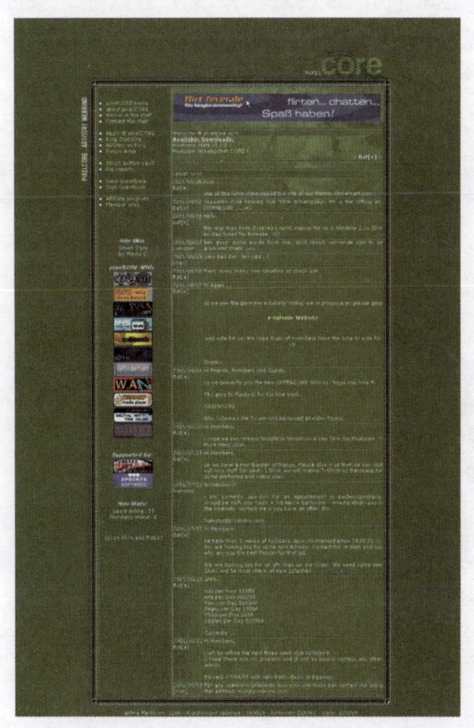

图 8-117　竖版设计的网页（一）

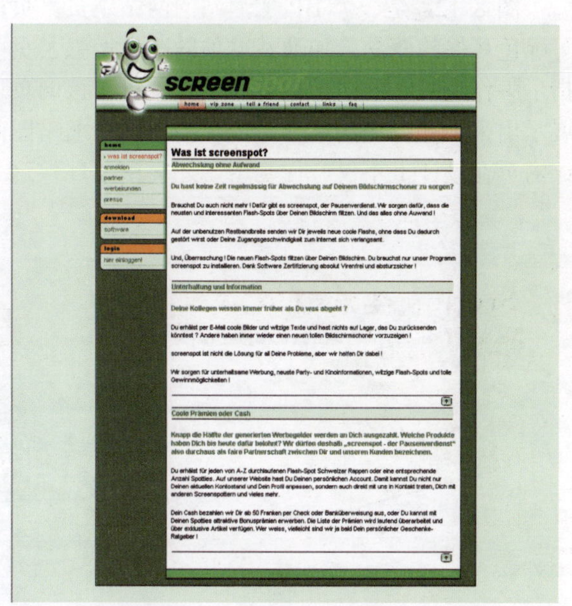

图 8-118　竖版设计的网页（二）

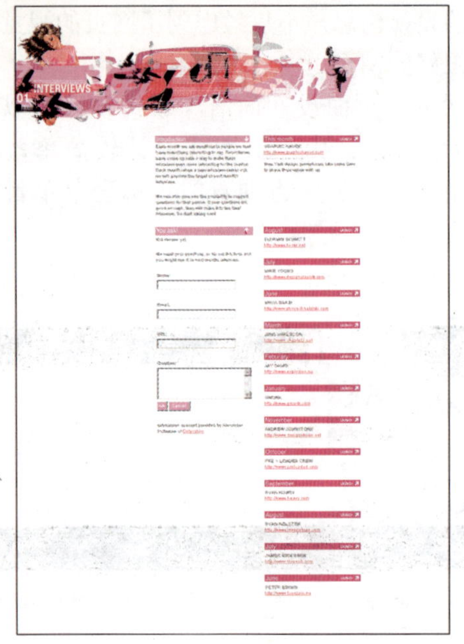

图 8-119　竖版设计的网页（三）

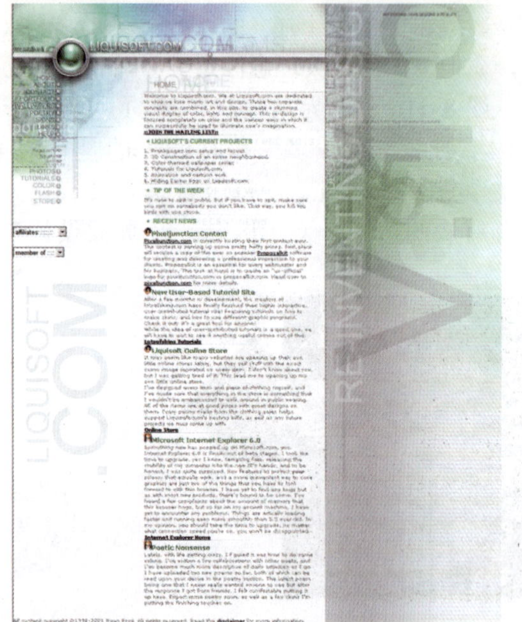

图 8-120　竖版设计的网页（四）

图 8-121 是一个类似于校友录的同学网。与其说它是个网页，不如说它是一个杂志网页，因为其整个页面更类似于杂志内页的排版。它将照片巧妙地融入一个透视的正方体中，增强了画面的透视效果，也体现了页面的主题。不论是标签还是条形码，都巧妙地体现了同学、班级这类与该网站主题有关的内容。卡通的文字也有怀旧的效果，体现出了童趣。页面底端的点击键也是图形与文字的巧妙结合，显得可爱、醒目。整个页面设计简洁，富有创意又不失趣味。

图 8-122 是一个 BP 加油站的网站主页。页面选择蓝色、绿色作为网页的主色调，突出了绿色环保的概念。加油站屋顶的图片增强了页面的透视效果。它巧妙地利用加油站牌价的指示牌作为网站的向导栏目，效果醒目。该网页还将油品的型号、价格利用下拉菜单的形式展示出来，并将加油站分布情况的地图以缩略图的形式进行了展示，便于客户查询、查找。该网页在设计上不仅方便实用，还突出了环保这一概念。

图 8-121　同学网

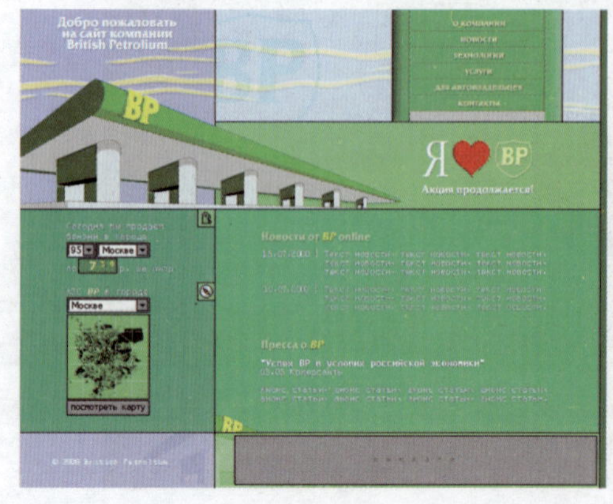

图 8-122　一个 BP 加油站的网站主页

图 8-123 是德国 Wieland（威琅）电气公司的官方网站。它运用投影的效果展示出了品牌文字及 LOGO；其色彩运用简单，利用渐变的手法，将黑白灰三色融为了一体。页面中的椭圆形态在色彩的烘托下达到了冲击的视觉效果，令人过目不忘。该网页的设计者又将语言选择利用各国国旗配合椭圆的形态展示了出来。相对于文字的选项，这种图形方式更易被人们接受，也方便其点击。该页面设计简洁，LOGO 展示明确，符合官网主页的设计理念。

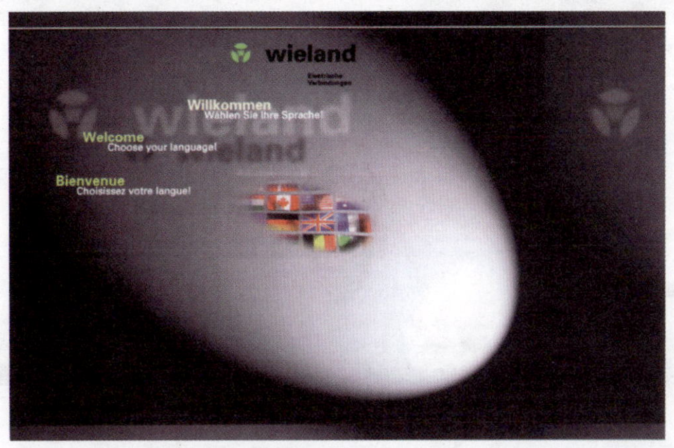

图 8-123　Wieland 电气公司的官方网站

图 8-124 是美发用品 SASSOON（沙宣）的网站。页面利用小方块的形式，分别展示了头发的不同造型及公司所生产的产品门类。方块的缝隙中夹入了产品的 LOGO，显得突出、醒目。缤纷的色彩填充了部分的小方块，在白色的背景上显得鲜艳、夺目。彩色方块的文字均设计为白色，其他文字选择了与彩色方块相同的不同色彩，与方块形成了呼应。整个页面的亮点就在于大胆地运用了各种明快的颜色，增强了画面的视觉冲击力，也符合美发产品日新月异变化的特点。

图 8-125 是一个设计网站的主页。其简洁的设计风格、鲜明的色彩使人过目不忘。在该网页上没有过多的文字，连网站的 LOGO 都是模糊的文字，从而给人以无限的遐想；红色和芥末黄的对比明快且有视觉冲击效果；横向的线条给网页以延伸感；目录条上的白色文字，便于查找、点击。

图 8-124　SASSOON 的网站

图 8-125　一个设计网站的主页

图 8-126 是一个设计网站的主页。页面中间为用电脑制作的昆虫图形，醒目、刺激。该网页借助昆虫的肢体展示出了整个网站的目录，背部是 ENTER 键，其他的部分也各有所指。整个页面在色彩上选择了灰色、蓝色这类现代感强的色彩；在页面版式设计上，侧边的线条、色块也极具现代感。

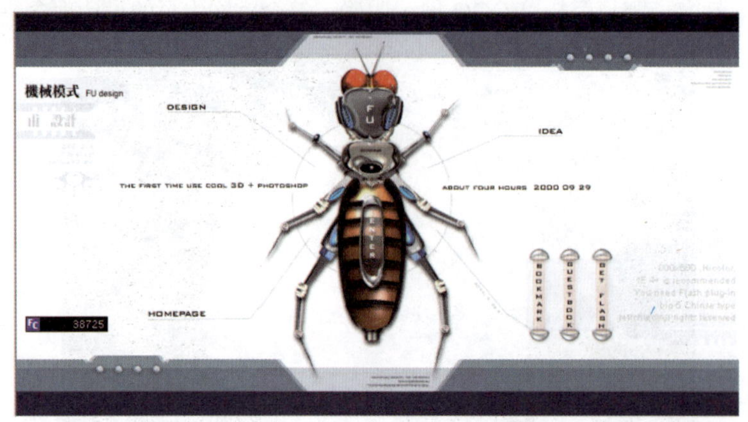

图 8-126　一个设计网站的主页

图 8-127 是一个音乐资源网站。其在版式设计上以“十”的形态对整个页面进行了分割。“十”字的中心是个地球，呼应网站的 Music Worldwide 的主题。页面顶部是网站的 LOGO 和栏目条；页面的“十”中轴是网站的名称“Click 2 Music Worldwide”。“十”的左边区域是音乐咨询的介绍。右边除了顶部有两个栏目图标以外，其余均为空白。在色彩设计上，该页面选择了灰色和蓝色的搭配，灰色的背景上配以蓝色的栏目条和蓝色的中轴线条，既突出了栏目选项，又不失现代感。

图 8-127　一个音乐资源网站

图 8-128 是某网站会员资料的网页。页面背景中利用深浅不同的蓝色制造出了三维的空

间效果；页面中的立体盒子像是一个生产线的机器，盒子上不仅清晰地展示出了每个会员的照片，还利用照片当做每个会员信息的单击选项。单击到所需要查找的会员照片上，照片下面的空白栏目里就会有此会员相关的资料介绍。比起文字性的索引，这种查询方式的操作简单明了。

图 8-129 是一个名为“MiN”的个人博客的主页。它通过色块将页面整体分为三部分，即背景部分及主题中的上下两部分。在主题部分中，上半部分是虚线绘制的花朵图形，若隐若现，起到了装饰的作用；下半部分是网站的核心，包括一个金色的网站 LOGO、子菜单的项目栏、最新更新概要，以及一个简单的个人说明。该页面在色彩上以褐色为主色调，深浅不同的褐色组成了整个页面，使得整体效果简洁、统一、稳重。

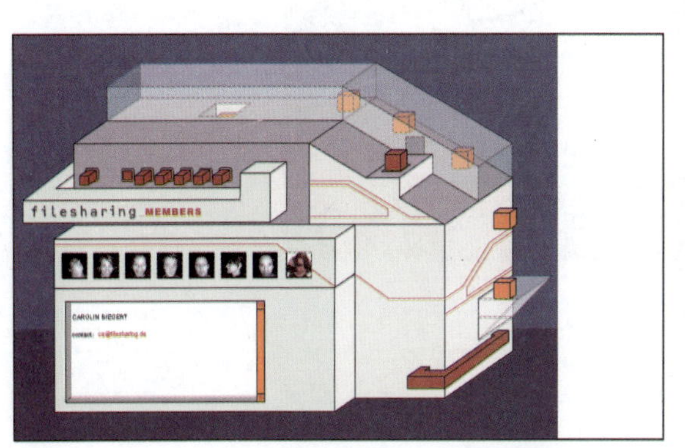

图 8-128　某网站会员资料的网页

图 8-129 “MiN”的个人博客主页

图 8-130 是一个与音乐相关的网页。页面的背景是深绿色，配以黑色的文字，使得整体让人感觉很深沉。页面中的两组黄色色块，打破了这种深沉的感觉，令网页整体变得活泼许多。页面背景中浅色的五线谱突出了音乐网站这一主题，正反倒置的几组照片构成了唱片的封皮。整个页面在各种图片、色块的拼凑下，显得生动、活泼。

图 8-131 是一个与设计相关的专业网站。白色和蓝色构成了该页面的背景，也象征着白云和蓝天。该页面设计简单，没有过多的文字，几个圆形的图标是子目录的单击项。页面的 LOGO 以两种不同的字体表现形式重叠地表现出来，其稍显杂乱的排列方式，打破了页面的平衡感。

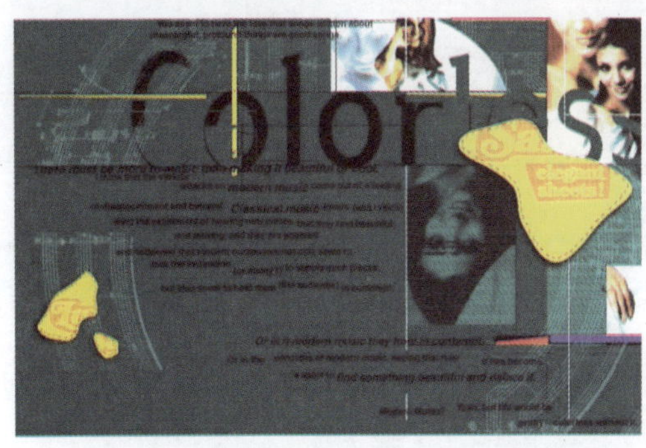

图 8-130　一个与音乐相关的网页

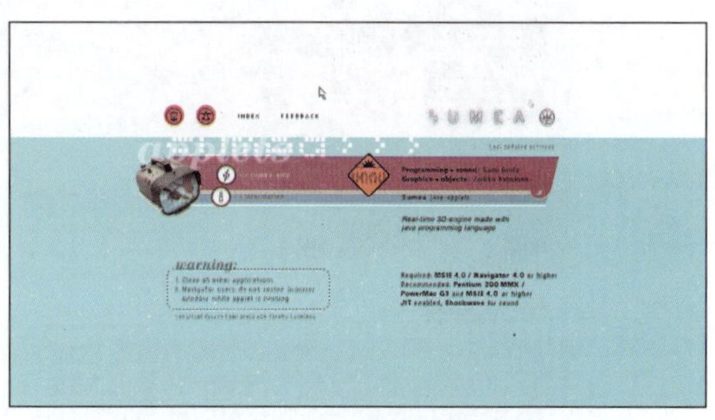

图 8-131　一个与设计相关的网页

不仔细看图 8-132，很难发现这是一个网页。钢笔速写的小品就是整个页面的主体，其背景被设计成画框的效果以衬托整个画面，网站的导航栏也被巧妙地藏在了画框顶部。而蓝绿色系的背景及画框与黑白的钢笔画形成对比，也更好地衬托出了钢笔画的美感。

图 8-132　极富个性的网页

8.6　欣赏网页

请欣赏如图 8-133～图 8-142 所示的网页。

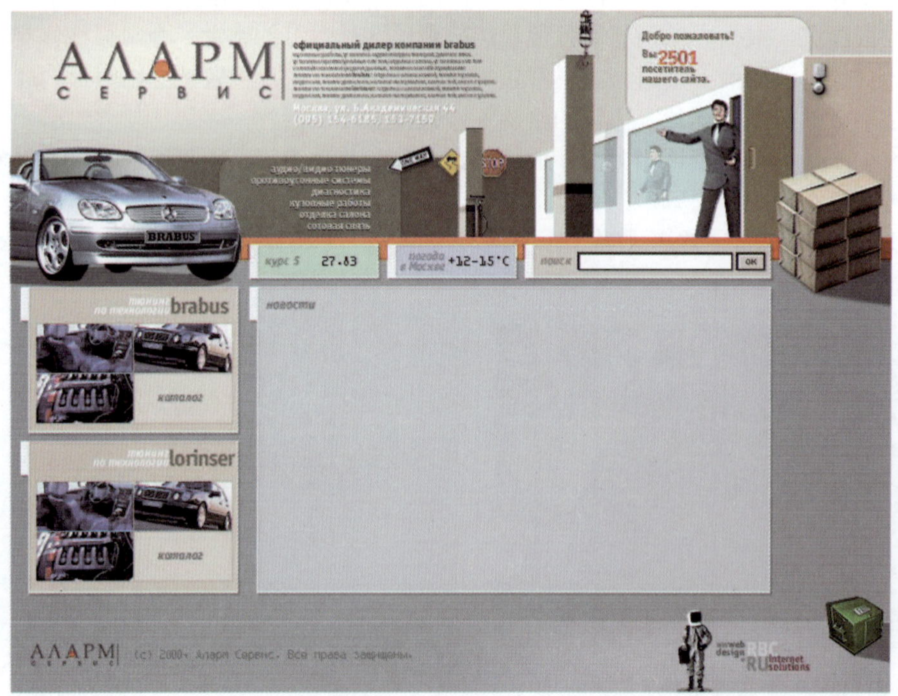

图 8-133　网页（一）

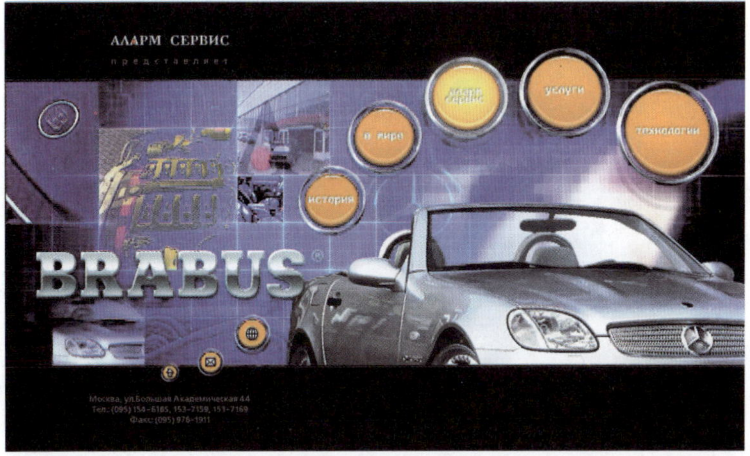

图 8-134　网页（二）

图 8-135　网页（三）

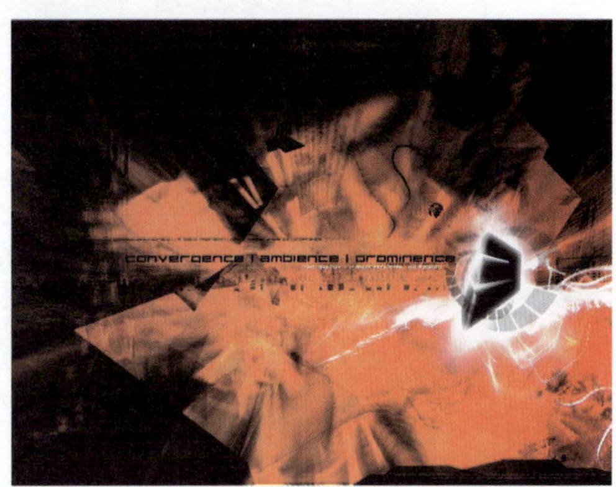

图 8-136　网页（四）

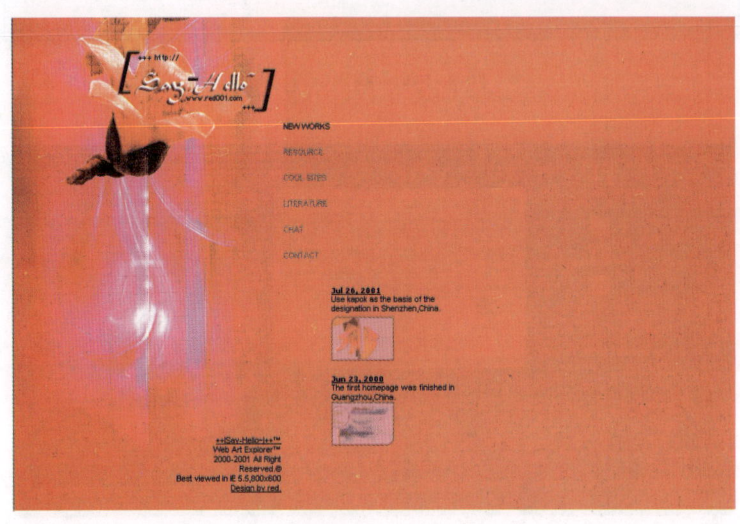

图 8-137　网页（五）

图 8-138　网页（六）

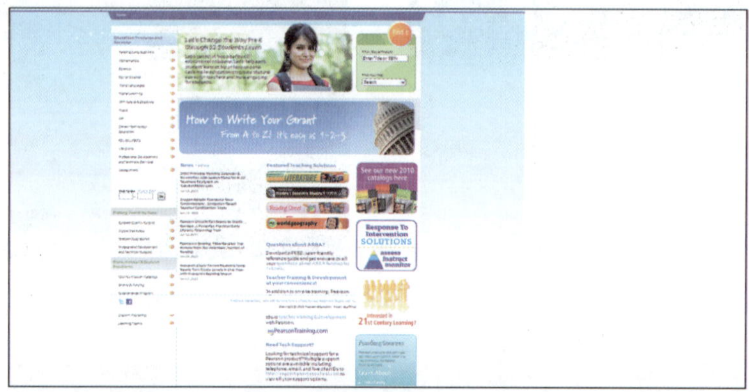

图 8-139　网页（七）

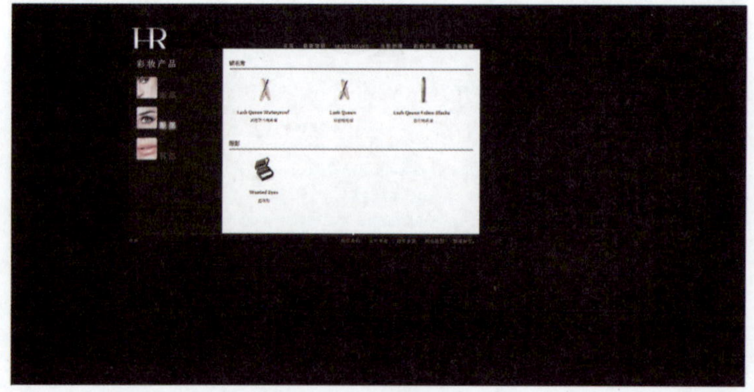

图 8-140　网页（八）

图 8-141　网页（九）

图 8-142　网页（十）

8.7　常见的网页策划、设计、开发错误

1．导航菜单使用图片、FLASH

导航菜单使用图片、FLASH 当然比纯文本好看一些，但是搜索引擎并不认识这些图片和 FLASH。如果非要使用漂亮的图片来做导航，可以考虑使用背景替换的方法。

2．不恰当地使用图片

为了网页美观，设计者经常会到处贴满图片。其实这样做是不正确的，应尽量少放一些与内容无关的图片。

3．内容里特殊字体的运用

楷体很漂亮，草书也不逊色于宋体，但不是所有人的计算机上都安装有这些字体。如果使用这些特殊字体，在别人的计算机里看到的网页将有可能是乱码。

4．新窗口打开

不要用任何窗口“污染”用户的屏幕（尤其在当前操作系统低劣的窗口管理技术下）！

如果需要一个新窗口，用户会自己打开。设计者打开新窗口的本意是要让用户留在他的站点上，但却忽略了控制用户的机器所带来的负面效应。用户通常注意不到新窗口已经被打开，尤其当他们的显示器很小，而窗口又正好是最大化时。因此，当用户想要返回原来的站点时，面对的却只是一个不可用的灰色“后退”按钮。

5. 无实际意义的特效

避免使用炫耀的技巧，因为这些特效对你的网页没有任何实际意义。

6. 内容滚动

内容滚动可以在比较小的空间里展示比较多的内容，这是它的一个好处。但内容滚动总的来说是弊大于利的：不是所有平台和浏览器都支持滚动的内容；在 W3C 看来，内容滚动会降低用户体验的积极性。

7. 用户难以获取自己想要的内容

如果一个用户访问你的网站时跟走入迷宫一样，会有什么后果？听说过 3 次点击规则吗？对于小型网站而言，在你的主页上应该没有任何一条信息是需要点击次数超过 3 次的。对于大型网站而言，应使用导航和工具条来改善操作。

8. 文件名命名不规范

不要忽视这一点，如新闻页面可以用 News.html，而不能采用类似 2323123.html 这样的无规范的命名方式。使用规范的命名方式不仅有利于搜索引擎，而且有利于网站日后的维护管理。

9. 长篇文章未设置分页

长篇文章不分页，会导致网页加载速度慢，使用户阅读疲劳。因此，建议对长篇文章设置分页。

10. 颜色搭配错误，网页难于阅读

如无必要，应当坚持使用白色的背景和黑色的文本。另外，还应当坚持使用通用字体。

11. 没有“返回指向”

“返回指向”是网络用户的生命线，同时也是继超文本链接后最常使用的导航特征。通过它，用户可以随意尝试网页所指向的任何地方，而只需单击一两次“返回”按钮就回到先前的页面。

12. 显眼的点击计数器

不要轻易考虑在设计的网站上放置一个醒目的点击记数器。设计网站是为了给访问者提供服务的，而不是用来推销自己认为重要的东西的。大多数浏览者认为计数器毫无意义。如果想显示网站是多么受欢迎，最好提供一个链接，显示访问日志。

13. 使用框架

与记数器一样，框架在网页上越来越流行。在大多数网站上，屏幕的左边有一个框

架。但是设计者很快就发现在使用框架时产生了许多的问题：一是使用框架时，如果没有 17 英寸的显示屏几乎不可能显示整个网站；二是框架使得网站内个人主页不能够成为书签。更重要的是，搜索引擎常常被框架混淆，从而不能列出你的网站来。

14. 不恰当地使用声音

声音的运用也应谨慎一些。内联声音是网页设计者的另一个禁地。过多地使用声音会使下载速度很慢，同时并不会给浏览者带给多少好处。用户首次听到鼠标发出声音可能会感到很有趣，但是多次以后肯定会觉得它很厌烦。使用声音前，应该仔细考虑声音将会给你带来什么。

15. 兼容性不佳

你的网页在 1024 像素下看得顺眼吗？换成 1280 像素再看呢？不是所有人的显示器都使用了同一种分辨率。无论是谁，都无法做出所有分辨率下完美的网页，但应该做出能确保在所有分辨率下都不出错的网页。

还有两点需要注意：不要以为只有计算机才能看网页！不要以为世界上只有一种浏览器！

16. 急于发布网站

解决完诸如网站没有内容，网站程序 BUG 这些问题后再发布网站吧！只有那些内容较为充实、基本没有程序 BUG 的网站才会让用户流连忘返。

17. 发布网站后未登录搜索引擎

有客户问笔者："是不是我的网站一发布就可以从百度上搜到了？"我总会这样回答："百度不是我家开的，也不是你家开的，你发布网站时百度是不知道的。因此，在发布网站后，你需要到各大搜索引擎的登录口提交一下你的网站信息。"

18. 不留空白

注意留空白。不要用图像、文本和不必要的动画（GIFs）来充斥网页。即使有足够的空间，在设计时也应该避免完全使用它们。

19. 缺乏互动性

应该让用户与网站能够互动，让用户与用户之间能够互动。因此，网站上最少要有一个留言本，这能激励访问者再次回到你的网站，还有助于扩充网站内容。这一点是极其重要的，需要读者注意。

思考题

1. 设计一个主题为"保护环境"的网站首页，要求主题明确、色调统一、布局合理，尺寸为 1024px×768px。

2. 自选一个品牌，为其设计制作一个网页，要求合理运用图形和色彩等因素，表现出这个品牌的核心理念和行业特征，尺寸自定。

参 考 文 献

[1] 鲁普顿. 字体设计指南. 王毅译. 上海：上海人民美术出版社，2006.
[2] 吕敬人. 书艺问道——中青年新世纪高等院校设计教材. 北京：中国青年出版社，2006.
[3] 崔唯. 色彩构成. 北京：中国纺织出版社，2003.
[4] 刘涛. 平面构成. 北京：中国建筑工业出版社，2009.
[5] 胡越. CI 品牌设计. 上海：上海人民美术出版社，2008.
[6] 童爱红. 网页设计技术教材. 北京：清华大学出版社，2004.
[7] 侯冬梅，杨荣，温绍洁，周同，马映红. 网页设计实训教程：网页三剑客 CS4 版. 北京：清华大学出版社，2010.
[8] 吕巍. 广告学. 北京：北京师范大学出版社，2006.
[9] 陈月波. 网页设计. 北京：电子工业出版社，2007.